V

7/2~39.
M'd.

©

27098

MANUEL

DE

L'AMIDONNIER

ET

DU VERMICELLIER.

DE L'IMPRIMERIE DE CRAPELET,

RUE DE VAUGIRARD, N° 9.

MANUEL

DE

L'AMIDONNIER

ET DU VERMICELLIER,

AUQUEL ON A JOINT TOUT CE QUI EST RELATIF A LA FABRI-
CATION DES PRODUITS OBTENUS AVEC LA POMME DE
TERRE, LES MARRONS D'INDE, LES CHATAIGNES, ET
TOUTES LES AUTRES PLANTES CONNUES POUR CONTENIR
QUELQUE SUBSTANCE AMILACÉE OU FÉCULENTE.

PAR M. MORIN.

Ouvrage orné de Figures.

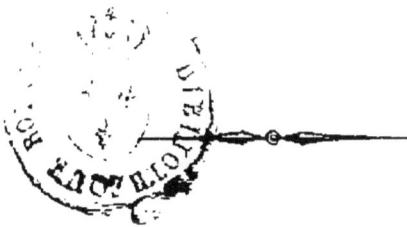

PARIS.

A LA LIBRAIRIE ENCYCLOPÉDIQUE DE RORET,
RUE HAUTEFEUILLE AU COIN DE CELLE DU BATTOIR.

1830.

MANUEL

DE

L'AMIDONNIER.

INTRODUCTION.

Pour appuyer les considérations générales relatives à la fabrication de l'amidon ou autres fécules amilacées, pour achever le complément de tout ce que les arts et l'industrie peuvent obtenir des *céréales*, nous devons les examiner dans ce Manuel non seulement sous le rapport de l'amidon qu'elles fournissent, après les avoir soumises à diverses conditions aussi nécessaires qu'elles sont indispensables, mais encore les envisager sous celui du travail qu'il convient de suivre pour l'obtenir en grand, d'après les procédés qui ont été consacrés par l'observation et beaucoup plus encore par l'expérience.

En effet, si nous venons à résumer les di-

I

verses notions nécessaires à l'amidonnier-fabri-
cant, si nous les joignons à toutes celles qui
sont déjà exposées d'une manière aussi complète
qu'elle est étendue sous le rapport de ce commerce, dans notre *Manuel du Boulanger;* si nous
récapitulons enfin tout ce qu'il est utile et
même indispensable de bien connaître à l'égard
des *céréales* et des autres plantes qui s'en rap-
prochent par quelques qualités essentielles, nous
reconnaîtrons facilement que, si elles sont généralement employées comme substances nutritives
pour l'homme ou les animaux, elles entrent
aussi comme objet de première nécessité dans la
fabrication d'une multitude infinie d'autres matières plus ou moins utiles dans les arts industriels : on reconnaîtra qu'elles y sont devenues
tellement indispensables qu'elles y occupent un
des premiers rangs ; aussi voilà pourquoi non seulement nous les trouvons cultivées avec tant de
soin et en si grande quantité dans toutes les
contrées où la civilisation a fait quelques progrès; mais encore leurs diverses espèces ont été
tellement multipliées, la culture en a rendu les
variétés si nombreuses, que, quoiqu'elles fournissent à nos besoins des produits souvent très
différens par les apparences extérieures, ils n'en

sont pas moins rapprochés entre eux par la plus
grande analogie; enfin quoiqu'il n'entre pas
dans nos vues d'examiner ici tous ces produits
les uns après les autres, il en est un cependant
qui doit nous occuper d'une manière spéciale,
c'est la fécule amilacée qu'on en retire, et qui
est plus généralement encore désignée ici comme
partout sous le nom d'*amidon*, aussi considéré
depuis long-temps comme fécule ou sédiment du
blé dont on retirait une pâte blanche et friable
par des procédés particuliers. En effet Pline le
naturaliste l'attribuait aux habitans de l'île de
Chio, et, selon ce qu'il en rapporte, ils auraient
été les premiers inventeurs dans l'art d'extraire
l'amidon du blé; il assure même que le mot
amilum tire son origine de *fine molâ factum*,
parce que, dans ces premiers temps, on ne faisait
pas moudre le grain pour en extraire l'amidon,
procédé qui de nos jours est presque entièrement abandonné.

Quoi qu'il en soit, l'amidon est le résultat des
principes immédiats des végétaux, dans lesquels
il a été reconnu du moment où ils ont été bien
observés; il s'y rencontre d'une manière tellement abondante que, pour ne citer dans ce moment qu'un seul fait bien prouvé par l'expérience,

c'est que sur cent grammes de farine provenant
d'un blé de première qualité dans nos pays, il
s'en trouve soixante-quinze d'une substance
blanche, opaque, grenue, qui, froissée entre
les doigts, crépite d'une manière sensible et remarquable, beaucoup plus pesante que l'eau, et
qui ne s'altère en rien si elle est exposée au contact plus ou moins prolongé de l'air atmosphérique; sans odeur, comme sans aucune saveur
prononcée, elle n'éprouve pas le moindre changement dans l'eau froide, dans les huiles, dans
l'esprit de vin, dans l'éther même; mais aussi
elle est extrêmement facile à se dissoudre dans
l'eau bouillante, et si dans cette dissolution on
verse quelques gouttes d'iode, elle prend de suite
une couleur bleue plus ou moins apparente et prononcée; l'addition de l'acide nitrique (*eau-forte*)
lui fait développer différens degrés d'acidité
particulière, et de nature diverse, plus ou moins
marquée; lorsqu'on la soumet à l'ébullition
continuée pendant quelque temps avec l'acide
sulfurique (*huile de vitriol*), elle se convertit en
une matière sucrée très fortement prononcée;
enfin si, après l'avoir fait bouillir, on la fait
dessécher à l'air libre, la substance solide qui en
résulte, quoique réduite à moitié de son volume,

porte aussi avec elle tous les indices d'une matière sucrée. Ainsi, en les considérant sous le
point de vue le plus général, toutes les céréales,
et avec elles encore beaucoup d'autres plantes,
fournissent ou plutôt contiennent la fécule amilacée, *l'amidon*, dans des proportions plus ou
moins considérables, que, par leur analyse, on est
parvenu à calculer d'une manière assez précise:
enfin quoique la nature de cette fécule amilacée
soit à peu près la même partout où elle se rencontre, on y retrouve et l'on aperçoit cependant
quelques légères variétés, et qui ne peuvent
guère résulter que des autres substances étrangères avec lesquelles l'amidon peut être réuni,
ou plutôt mélangé dans le cas dont il s'agit.

Cependant parmi le grand nombre des plantes
céréales destinées ou cultivées pour servir le plus
habituellement à la nourriture des hommes ou
des animaux domestiques, ainsi que dans la
multitude de toutes les autres substances végétales qui, par leur nature, peuvent fournir l'a-
midon, on choisit le plus ordinairement le blé;
et pour en extraire ensuite toute la fécule amilacée qu'il renferme, on avait autrefois l'habitude de l'employer et de le mettre en œuvre
dans tout son entier. A cette méthode, actuelle-

ment abandonnée et presque totalement oubliée de nos jours, on a substitué l'emploi d'une de ses parties composantes, la plus commune et la moins précieuse; aussi c'est pourquoi on le fait toujours écraser d'avance par la mouture, pour en séparer ensuite les divers produits qui en résultent par un blutage plus ou moins souvent répété; alors toute espèce de blé au sortir du moulin se trouve toujours divisée en six parties très distinctes les unes des autres, qui toutes sont livrées au commerce dans l'état particulier où elles existent et doivent y être employées comme telles dans les différens usages de la vie ainsi que dans les arts industriels. Nous les distinguerons par conséquent de la manière suivante : les deux premières sont la *fleur de farine* et la *farine*, spécialement employées l'une et l'autre pour faire le pain; la troisième est désignée sous le nom de *recoupe* : elle sert le plus ordinairement à la nourriture des vaches; la quatrième et la cinquième sont les *recoupettes* et les *gruaux* ou *griots* réservés pour alimenter les chevaux et faire l'amidon; la sixième enfin n'est plus que le dernier résidu de toutes les autres, formé par l'enveloppe corticale, ou la pellicule qui recouvre le grain du blé, et le *son*, employé aussi particulièrement pour fabriquer l'amidon.

Mais pour obtenir la fécule amilacée du blé dans la plus grande quantité qu'il est possible de l'avoir, de manière à couvrir les frais de manutention, et y faire quelque bénéfice, il faut s'attacher principalement à choisir toujours des *sons gras*, ou mieux encore des *recoupettes* et des *recoupes*, parce qu'elles sont, après la mouture, plus ou moins chargées, suivant la qualité du blé dont elles proviennent, et qu'elles contiennent en assez grande quantité du *gruau*, produit plus ou moins abondant, qui se rencontre spécialement dans tous les blés de choix, et celui avec lequel se confectionne le pain le plus blanc, le plus léger, le meilleur enfin, parce qu'il est le plus nourrissant et le plus facile à digérer; aussi cherche-t-on par tous les moyens possibles à ne pas en laisser dans les issues du blé et surtout dans le son, où il se trouverait totalement perdu : ainsi les matières premières et essentielles pour fabriquer l'amidon doivent être prises dans le blé ou dans les résidus du blé tels que les recoupettes, les recoupes, les gruaux ou griots et les sons plus ou moins gras. (*Voyez*, pour plus grands développemens, le *Manuel du Boulanger et du Meunier*, qui fait partie de notre collection.)

Malgré qu'il soit impossible de dissimuler qu'en employant toutes les espèces de blé en grain, et sans qu'il soit même nécessaire de le faire écraser sous la meule, on puisse, par la fabrication, obtenir une quantité d'amidon toujours proportionnée à leur plus ou moins bonne qualité, il est extrêmement rare que les amidonniers les prennent pour les mettre en œuvre dans cet état. Cependant nous entrerons dans les détails des divers procédés relatifs à ce mode de fabrication; mais ici nous observerons que des réglemens de police s'opposent depuis long-temps à l'emploi et à la consommation des grains pour en tirer l'amidon, et qu'il n'est permis d'y avoir recours qu'après des avaries bien certaines et dûment constatées ou reconnues, lorsqu'il s'agit de faire un choix de blés altérés sur pied avant leur récolte, enfin tels, qu'ils doivent être détériorés au point de ne plus pouvoir être mis en usage pour la confection du pain destiné à la nourriture habituelle des hommes. Alors on les abandonne aux amidonniers comme dernière ressource, et pour qu'ils ne soient pas entièrement perdus; cependant depuis que le nombre des fabricans d'amidon, à Paris et dans toute la France, se trouve être tellement réduit, puisque de trois cents qu'ils étaient au—

trefois dans la capitale, on en compte tout au plus huit ou dix qui consomment de la farine ou autres de ses produits pour en extraire la fécule amilacée ou l'amidon, on ne s'occupe plus guère de la défense et de la rigueur qu'on apportait dans son exécution. Les amidonniers peuvent se présenter partout pour acheter des blés, des farines ou autres issues de mouture afin de les mettre en œuvre ; il est même de leur intérêt de ne pas craindre de choisir ce qu'il y a de mieux dans ces diverses marchandises, car ce n'est jamais qu'avec le beau et le bon qu'ils pourront espérer de travailler avec facilité, et que les résultats après lesquels ils espèrent pourront se trouver être d'excellente qualité, tandis qu'avec des marchandises inférieures, quand bien même ils pourraient se flatter d'obtenir un amidon d'une blancheur extrême, sa qualité serait bien éloignée de répondre à sa beauté, ce qui occasionne toujours une assez grande défaveur pour sa vente, et celui qu'on obtient avec les blés avariés, soit qu'ils aient été moulus, soit qu'on les ait soumis entiers à la fabrication, sont presque toujours dans ce cas.

Enfin ce produit considéré comme fécule des céréales est une substance aussi nutritive qu'elle est adoucissante, sous quelque forme qu'elle puisse être mise en usage. Chauffée dans l'eau bouillante à soixante degrés, elle se change en colle, c'est même un des caractères principaux qui la rendent si différente de celui de la pomme de terre, qui, porté à la même température, ne forme pas de colle, et ne ressemble même plus en rien à celui du blé. Aussi la matière gélatineuse qui en résulte n'est pas aussi transparente que l'autre; elle est terne, opaline; ce qui a fait dire qu'il n'y avait pas dissolution mais une combinaison intime de l'eau avec l'amidon par absorption seulement. Quoi qu'il en soit, la matière gélatineuse formée par l'amidon lorsqu'elle est chauffée se sépare de l'eau et il en reste une autre plus ou moins spongieuse, qui, mélangée avec suffisante quantité d'eau et soumise à l'ébullition, se dissout complétement et en quantité d'autant plus considérable que l'on aura pu la faire bouillir davantage.

Ainsi quelle que soit la fécule amilacée ou l'amidon que l'on parvienne à extraire de toutes les plantes qui en contiennent en plus ou moins grande quantité, on le trouve presque toujours employé comme une substance extrêmement nourrissante; c'est encore une des raisons pour lesquelles on a cherché à remplacer le blé et les autres céréales lorsqu'elles viennent à manquer par tous les fruits qui renferment et produisent une plus ou moins grande quantité de fécule nourrissante jointe à quelque autre substance albumineuse ou sucrée, telles sont les châtaignes et plusieurs autres fruits de la même nature, tels sont aussi les produits amilacés que l'on trouve dans le commerce sous les noms d'*arrow-root*, de *cassave*, d'*inuline*, de *sagou*, de *salep*, etc., dont nous exposerons les propriétés à mesure qu'elles se rencontreront dans le nombre des plantes ou autres substances dont on peut obtenir des fécules amilacées; nous entrerons même dans quelques détails à leur sujet avant que de parler des procédés à suivre pour fabriquer et obtenir l'amidon.

Mais au milieu de tant de substances que l'homme peut employer tous les jours pour sa nourriture ordinaire, lorsqu'on vient à examiner toutes les plantes qui lui fournissent la fécule ou l'amidon, on reconnaîtra très facilement qu'elles ne sont pas également nutritives dans leurs différentes espèces, encore moins dans les différentes parties de la même plante, ou dans les mêmes parties organiques suivant les époques de leur végétation, tels sont les réceptacles charnus, les racines, les tubercules, les graines, les semences, qui ne jouissent à un certain degré de toutes leurs propriétés alimentaires qu'après être parvenues à leur dernier période de développement. Aussi n'emploie-t-on les racines comme aliment qu'après les avoir choisies parmi les tuberculeuses, qui sont presque toutes abondamment pourvues de substance amilacée ou féculente, comme un certain nombre des orchidées, L. *marantha indica*, qui fournit l'arrow-root; telles sont aussi les racines tuberculeuses de plusieurs solanées, la patate, le topinambour, la pomme de terre. Les tiges des palmiers fournissent une nourriture douce et facile à digérer, le *sagou*, mais il faut qu'ils aient vieilli; celles de la canne à sucre, du maïs et du sorgho, sont encore des substances alimentaires lorsqu'elles sont arrivées à leur état de maturité parfaite. Les fruits de l'arbre à pain, les graines, les semences de toutes les graminées, particulièrement celles des céréales, après avoir mûri, contiennent la fécule le plus souvent dans toute sa pureté, souvent aussi mélangée intimement avec une autre substance glutineuse également nourrissante. Dans le cacao, elle est butireuse; le lichen d'Islande a pour caractère principal un parenchyme de consistance assez molle, qui donne du mucilage en abondance, et une substance coagulable, analogue à la gélatine, mêlée à une amertume qui, pour qu'elle soit alimentaire, a besoin d'être enlevée par des lavages successifs et soumise à la cuisson.

Aussi les graminées surpassent-elles toutes les autres plantes nutritives autant pour l'homme que pour les animaux; elles sont tellement riches en fécule alimentaire, qu'on les trouve partout au premier rang des substances nécessaires à la vie. L'orge, le riz, le maïs, les diverses espèces de millet, renferment la fécule pure, mais sans gluten; dans l'avoine, le seigle, elle est réunie à un mucilage visqueux. Le froment, par la combinaison intime du gluten et de la fécule, est de toutes les graminées la plus propre à faire le pain fermenté, si universellement employé comme nourriture. Viennent ensuite les légumineuses, les pois, les lentilles, les haricots, les fèves, dont les propriétés nutritives résident entièrement dans l'amidon ou fécule amilacée qu'elles contiennent en plus ou moins grande quantité.

C'est pourquoi, dans les considérations générales sur les substances alimentaires, on regarde comme *farineuses* toutes celles où la fécule prédomine d'une manière sensible, comme le riz, l'orge, le maïs, la moelle du sagou, qui sont extrêmement nourrissantes, quoiqu'elles ne soient pas susceptibles de subir la fermentation panaire. Souvent aussi la fécule se trouve réunie avec d'autres principes également susceptibles de nourrir, telles sont les châtaignes, le froment; mais aussi, dans toutes les circonstances, les fécules mangées seules, ou presque seules, soutiennent l'individu, le nourrissent, et le font vivre sans fournir aucun résidu excrémentitiel ; et c'est pourquoi le vulgaire regarde comme échauffans le riz, le salep, l'arrow-root, parce qu'il y a véritablement diminution sensible et marquée dans les résultats de la digestion, lorsqu'on en continue l'usage pendant un temps plus ou moins prolongé.

On s'est assuré par l'analyse, que dans les derniers degrés de la maturité des plantes alimentaires, la fécule se trouvait presque toujours réunie avec la gomme ; et le sucre, parce que son caractère principal, lorsqu'elle approchait surtout de son état le plus pur, était de se dissoudre dans l'eau bouillante, et d'augmenter de volume par un développement marqué de chacune des molécules qui la composent ; ce qu'il importe d'observer encore, c'est que la fécule ne peut contenir les élémens d'une alimentation parfaite que dans ce dernier état, et qu'il n'est possible de faire avec elle du pain de bonne qualité, qu'en la mêlant avec une certaine quantité de gluten, condition qui se trouve essentiellement réunie dans le froment. L'analogie de cette matière glutineuse avec les substances animales est facile à démontrer non seulement par la distillation, mais encore par l'odeur nauséabonde acidulée qu'elle développe par la putréfaction fermentescible qu'on lui fait subir pour la séparer de l'amidon, dans les bernes placées autour du trempis chez les amidonniers : car, quels que puissent être les matériaux qu'ils aient à mettre en œuvre, toutefois qu'ils proviennent de la farine des céréales, le gluten s'y trouve presque toujours pour un tiers ; et ces matières glutineuses extrêmement humides, qu'il faut isoler de l'amidon, ou plutôt de la fécule amilacée, sont plus ou moins grisâtres, visqueuses, gluantes, presque insipides, et répandent le plus souvent une odeur spermatique très sensible à l'odorat.

Si nous étendons davantage ces considérations

générales sur les produits extractifs des plantes
féculentes, nous verrons encore que le *ferment* ou
les *fermens* doivent se rapporter aux principes
immédiats des végétaux d'où l'on retire l'amidon.
Quoique l'on soit aussi dans le doute sur leur nature et leur manière de s'y développer, cependant l'on sait que celui de la *levure de bière* se
rapproche aussi beaucoup des substances animales dans la distillation et la putréfaction ; ce
qui n'empêche pas dans plusieurs pays, et surtout à Paris, de l'employer pour faire le pain,
procédé maintenant reconnu pour ne causer aucun des accidens présumés, lorsqu'il a été proposé de le mettre en usage. Enfin, si la grande
partie des substances reconnues comme farineuses peut être employée comme nourriture et
sans aucune préparation particulière, toutes les
fois qu'il s'y rencontre une assez grande quantité de gluten, il est impossible de ne pas avoir
recours à la fermentation ; c'est alors qu'on peut
faire sans crainte un mélange des unes avec les
autres. En effet, de l'orge, du maïs, du seigle
et plusieurs autres fécules ajoutées à la farine du
blé, dans des proportions données et faciles à
évaluer par l'usage, rendent le pain meilleur, plus
nourrissant et plus apte à soutenir les forces dans

les hommes exposés à des travaux rudes et long-
temps continués. Cependant plusieurs alimens
considérés comme farineux sont employés sans
aucune préparation particulière; telles sont les
châtaignes, les pommes de terre, et les graines
de plusieurs céréales bien mûres, mondées et
divisées par la meule, mises en presse et torré-
fiées, après avoir été cuites dans l'eau, qui devient elle-même alimentaire par la fécule dont
elle est chargée, sont la base première de toutes
les soupes économiques avec lesquelles on cherche à remplacer les alimens habituels dans les
temps de disette.

Dans le rapport des quantités de fécule fournies par plusieurs substances alimentaires, voici
le résultat de quelques expériences faites par
M. Vauquelin. La pomme de terre contient vingt-
deux parties et demie de fécule amilacée, deux
de matière épurative ligneuse, une petite portion
d'albumine animale et un extrait muqueux d'o-
deur vireuse. Les navets, les choux, qui sont beaucoup plus aqueux, non seulement que la pomme
de terre, mais encore que les autres végétaux
verts, de manière que cent parties de ces légumes n'en contiennent que huit d'une matière
sèche, qui elle-même ne renferme qu'une assez

petite quantité de matière nutritive, au point
qu'il en faudrait cinq fois autant que de pomme
de terre pour alimenter de même : cent livres de
choux ne fournissent que quatre livres de matière extractive combinée avec une assez grande
quantité de matière animale. Ainsi, en supposant
que dans les carottes, les navets, les choux, les
épinards, comparés avec la pomme de terre, les
parties insolubles fussent nutritives, il faudrait
trois parties de navets, deux de carottes, deux
d'épinards, et quatre de choux pour remplacer
une partie de pomme de terre. Le pain de bonne
qualité ne contient que le cinquième de son poids
d'eau, il remplace deux et même trois parties de
pomme de terre : ainsi douze onces de pain et
cinq onces de viande équivalent à trois livres
de pomme de terre. Les fèves, les haricots, les
pois, les lentilles, renfermant beaucoup plus de
matière solide et de principes animalisés, une
livre de l'une ou de l'autre de ces substances, de
bonne qualité et bien sèche, pourrait nourrir autant que trois livres de pomme de terre; dans
l'état vert il en faudrait le double, parce que
toute la fécule amilacée ne s'y trouve parfaitement développée qu'après que leur maturité est
entièrement achevée.

Nous allons maintenant donner un aperçu sur les plantes usuellement employées pour extraire l'amidon, et employées comme nourriture à cause de la fécule nutritive qu'elles contiennent en plus ou moins grande quantité ; plusieurs même n'y sont rapportées que parce qu'elles sont aussi employées comme telles dans les arts, soit comme produits de l'industrie, soit comme produits pharmaceutiques.

CHAPITRE PREMIER.

DES PLANTES QUI FOURNISSENT DE L'AMIDON.

§. I. *Lichen d'Islande.*

Lichen islandicus, L. *Physcia islandica,* D.C. *Flore française.*

Cryptogamie-Algues, L. Famille des *Algues,* J. Famille des *Lichens,* D. C. *Flore française.* (Végétaux cellulaires acotylédons.) Plantes coriaces, dont la base ou fronde (*thallus*) est pulvérulente, crustacée, membraneuse ou cauliforme, sèche et opaque, quelquefois gélatineuse, de couleur plus ou moins verdâtre, portant des capsules (*apothecium*) tuberculeuses ou en écusson,

membraneuses ou charnues, contenant des con-
gyles ou corps reproducteurs secs, qu'elles ne
paraissent pas rejeter au-dehors.

Genre *Physcia*. Folioles libres, plus ou moins
dressées et disposées en garou; glabres sur leurs
deux faces, quelquefois ciliées, souvent bouclées
irrégulièrement, divisées en lanières qui portent
vers leur sommet des scutelles, et sur leurs bords
des paquets farineux.

Physcia Islandica. Thalle membraneuse, coriace, d'un gris roux, glabres, à folioles rameuses, dont les divisions, qui forment la gouttière,
sont très écartées, obtuses, garnies de cils presque épineux sur les bords; scutelles sessiles, peu
abondantes, planes, orbiculaires, de la même
couleur que les feuilles, entourées d'un bord
cilié, et placées au sommet des folioles; il croît
par touffes sur la terre, et naturellement en Europe, dans toutes les régions septentrionales;
on le trouve particulièrement dans les lieux sté-
riles, arides ou pierreux; il est beaucoup plus
abondant en Islande que partout ailleurs, quoique chargé d'une espèce d'amertume assez désagréable; on l'a presque toujours considéré
comme une substance nutritive, pectorale, adoucissante; c'est pourquoi on l'emploie particu-

lièrement toutes les fois qu'on cherche à s'opposer au développement des affections connues en médecine sous le nom de phthisie, pulmonaire ou tuberculeuse. Les habitans du pays le réduisent en poudre plus ou moins fine, pour en composer une espèce de gruau ou de semoule qu'ils mangent en potage; on assure même qu'ils en font un pain assez bon. Lorsqu'ils le font bouillir avec le lait, ce lichen est pour eux une substance alimentaire qu'ils assurent n'être pas désagréable, et qu'ils recherchent beaucoup. Mais parmi nous, le grand usage du lichen d'Islande est principalement réservé pour tous les individus menacés de phthisie, par suite d'inflammation ou de maladie de poitrine, particulièrement chez tous ceux qui sont convalescens, après quelques unes de ces affections trop long-temps continuées. Quoi qu'il en soit, nous ne devons pas oublier de dire que la décoction faite avec le lichen pris dans son état de fraîcheur, et soumise à une ébullition plus ou moins long-temps continuée, devient susceptible d'exciter des évacuations très fréquentes, et que c'est même un purgatif assez violent.

Enfin la substance que l'on trouve dans le commerce, sous le nom de lichen d'Islande, est

presque semblable à l'amidon ordinaire, d'après
la nature des produits qu'on obtient ; et si, d'a-
près l'analyse qui en a été faite, il s'est rencontré
quelques différences, elles ne proviennent absolument que des caractères physiques du lichen. Enfin, lorsqu'on veut l'employer comme substance
nutritive, on est forcé d'en extraire toute la matière féculente qu'il contient, en le faisant bouillir avec de l'eau seulement ; alors il en résulte une
pâte homogène absolument semblable à l'empois
fait avec l'amidon ordinaire, et qui ne peut plus
revenir à son premier état pulvérulent. Cependant, pour lui enlever tout ce qu'elle peut contenir de l'amertume ou de la saveur assez désagréable qui la caractérise spécialement, et que
les habitans du pays lui ôtent par des lavages
plus ou moins répétés dans de l'eau chargée
d'une petite quantité de potasse ordinaire, il
faut de toute nécessité laisser tremper le lichen
dans une eau légèrement chaude pendant l'espace de six heures au moins, avant de le faire
bouillir, et afin de le rendre adoucissant, pec-
toral, et surtout l'employer comme une des substances analeptiques douées d'une énergie extrêmement active dans plusieurs circonstances
particulières.

Mais si le lichen d'Islande, employé spécialement comme moyen pharmaceutique dans presque toutes les affections catarrhales, et autres maladies de poitrine un peu avancées, ne diffère
pas de l'amidon ordinaire, nous ne devons pas
craindre de lui reconnaître toutes les qualités
adoucissantes que l'on rencontre dans toutes les
fécules amilacées considérées d'une manière générale. Quant aux légères différences qu'on y
trouve, elles consistent en ce que, traité avec
l'iode, le lichen ne donne pas de couleur bleue;
la sienne est brunâtre; mais, du reste, toutes ses
autres propriétés sont les mêmes, car, avec les
acides sulfurique et nitrique, il fournit en assez
grande abondance de la matière sucrée, et il se
développe même de l'acide oxalique. Enfin, dans
l'alcool et l'éther, il se comporte absolument de
la même manière que l'amidon provenant des
plantes céréales ou autres dans lesquelles il a pu
être rencontré.

Dans l'usage que l'on fait du lichen d'Islande,
sous le rapport des substances médicamenteuses, la dose et les proportions sont depuis quatre
gros jusqu'à une once dans trois livres d'eau ordinaire que l'on fait réduire à moitié, et dans
cet état de gelée transparente on l'administre

depuis une jusqu'à trois onces dans les vingt-quatre heures.

Plusieurs fabricans de chocolat le font entrer dans la composition de leurs tablettes, et l'intitulent pompeusement sous le nom de chocolat analeptique, au lichen. Il est même une espèce de pâte en tablettes, vendue sous la dénomination fausse et mensongère de *chocolat blanc*, qui ne paraît être autre chose qu'une composition préparée avec la gelée obtenue avec la fécule amilacée contenue dans le lichen, dépouillée de la saveur et de l'amertume qui le caractérise, et dont on parvient à le débarrasser par des lavages plus ou moins répétés dans de l'eau chargée d'une substance alcaline, édulcorée et aromatisée par des moyens appropriés. Ce moyen de préparer le lichen peut devenir important dans beaucoup de circonstances; mais pourquoi vouloir le faire passer pour du chocolat blanc !

§. II. *Plantes céréales.*

Il ne suffirait que d'un coup d'œil jeté sur toute l'étendue du règne végétal pour reconnaître l'importance des graminées. Elles y sont, en effet, considérées comme l'une des familles

les plus nombreuses qui y existent; et si la plus
grande partie d'entre elles servent de nourriture
ou de moyen principal pour satisfaire aux besoins les plus impérieux de la vie animale, elles
n'en sont pas moins précieuses encore, et méritent une considération d'autant plus grande,
qu'elles rendent des services immenses dans tous
les arts industriels. Presque toutes composées de
plantes entre lesquelles il existe une ressem-
blance parfaite, « les graminées sont toujours
« des herbes à tiges plus ou moins élevées, aux-
« quelles on a donné le nom de *chaume*, toutes
« cylindriques, creuses, marquées de loin en loin
« par des nœuds durs et solides, desquels il part
« une feuille à nervure longitudinale et parallèle,
« qui à sa base enveloppe la tige par une gaîne
« fendue; les fleurs, rangées en épis ou flottantes
« en panicule, sont toujours composées d'écailles
« foliacées, disposées par un ou plusieurs rangs ;
« les fleurs ont trois anthères fourchues et pen-
« dantes, deux stigmates plumeux. Leur fruit est
« rond ou recouvert par les écailles intérieures
« de la fleur, l'embryon toujours enveloppé par
« un grand périsperme farineux. »

Mais l'une des qualités les plus précieuses qui
rendent la famille des graminées d'un intérêt si

3

général, c'est que dans toutes les contrées et sous tous les climats elles constituent la nourriture première de tous les hommes; enfin partout où l'aridité du sol, et même chez les peuples où elles ne sont pas encore connues, le millet, le sorgho, sont encore des graminées qui alimentent toutes les peuplades qui les parcourent. Aussi, en Europe, le blé est généralement regardé comme le plus anciennement cultivé; on en trouve les indices partout. Le seigle paraît venir de l'île de Crète, l'orge de la Russie, quelques uns disent de la Sicile, et le riz, qui sert maintenant d'alimentation spéciale à la moitié du monde connu, tire son origine de l'Inde et de la Chine.

Outre le besoin indispensable des graminées comme substances alimentaires, dans quelle multitude infinie d'usages pour la vie domestique ne sont-elles pas encore de première nécessité, soit pour l'alimentation et l'engrais des troupeaux de toute nature, soit pour en obtenir des boissons stimulantes par le moyen de la fermentation, enfin pour en extraire l'amidon! Quelle admirable variété d'objets aussi utiles qu'agréables n'en fait-on pas dans les usages de la vie! Toutes les matières sucrées qui en sont tirées sont de-

venues de nécessité première, ainsi que toutes
les liqueurs alcooliques qu'elles fournissent; et,
pour terminer l'éloge des graminées, il est encore une observation bien remarquable à faire,
c'est que, dans les grandes variétés qu'elles renferment, il ne s'en rencontre pas une seule qui
contienne des substances délétères. Très peu
sont médicales; toutes, au contraire, sont employées comme adoucissantes, quelle que puisse
être la forme sous laquelle on cherche à les
mettre en usage; et ce n'était même que dans les
maladies inflammatoires que le père de la médecine, *Hippocrate*, prescrivait la décoction d'orge
sous la dénomination de *tisane*, mot qui est parvenu jusqu'à nous; mais dans cette immense
quantité de plantes qui composent la famille des
graminées, celles dont nous devons ici nous
occuper plus spécialement sont les suivantes :

L'AVOINE CULTIVÉE, *Avena sativa*, L. LE BLÉ
OU FROMENT CULTIVÉ, *Triticum sativum*, La-
marck. LE SEIGLE, *Secale cereale*, L. L'ORGE
COMMUN, *Hordeum vulgare*, L. Triandrie digynie,
L. Graminées, J. Famille des graminées. (Végé-
taux vasculaires endogènes ou monocotylédons.)

Fleurs glumacées, presque toujours hermaphrodites; enveloppe extérieure ou *glume* ren-

fermant une ou plusieurs fleurs; enveloppe extérieure ou *balle* ordinairement à deux valves, et
entourant immédiatement la fleur; étamines hypogynes, le plus souvent au nombre de trois;
un ovaire libre, souvent entouré de deux petites
écailles à sa base; fruit sec, monosperme, in-
déhiscent, périsperme farineux. Plantes herbacées à tige cylindrique, entrecoupée de nœuds
solides (chaume); feuilles alternes engaînantes,
à gaîne fendue longitudinalement; fleur en épi
ou en panicule.

Genre AVOINE. *Avena.* Glume bivalve, à deux
ou plusieurs fleurs, le plus souvent hermaphrodites; balle à deux valves, dont l'extérieur porte
sur le dos une arête genouillée; fleurs en panicule.

Avena sativa. Tige dressée, ferme, haute de
deux pieds, quelquefois trois; feuilles larges,
planes, glabres, un peu rudes au toucher; panicule étalée, composée de deux pédoncules hispides, semi-verticillée, dont les uns sont rameux,
les autres uniflores; épillets à deux fleurs hermaphrodites, pendantes; glumes plus longues que
les fleurs, et les renfermant; valve des balles
chargées de barbes fort longues, qu'elles perdent
souvent par la culture.

Comme l'avoine contient de l'amidon dans une assez grande quantité, il n'est pas étonnant qu'elle ait été considérée comme une substance véritablement susceptible de servir à la nutrition. Aussi l'on a cherché tous les moyens d'en faire du pain ; et, pour atteindre ce but, on conseille de faire le levain très fort, de pétrir ensuite avec de l'eau élevée à une haute température, enfin de fortement chauffer le four pour y laisser le pain assez long-temps, suivant l'épaisseur qu'on a donnée au pain, parce que la matière glutineuse que renferme la farine de l'avoine est extrêmement abondante, et qu'elle se concentre toujours dans l'intérieur : aussi la pâte exige-t-elle toujours beaucoup d'apprêt. On doit aussi la travailler fort et long-temps, de manière à ce qu'elle devienne très ronde. Si l'on n'avait pas l'habitude de faire le pain ordinaire avec d'autres farines, non seulement plus agréables au goût, mais encore beaucoup plus faciles à digérer, le pain avec l'avoine pourrait encore offrir quelque ressource dans les momens de disette ; mais lorsqu'on l'emploie ou lorsqu'on est forcé d'y avoir recours, il faut alors que la pénurie des subsistances soit arrivée à son dernier période.

Elle est encore considérée, en médecine, comme substance mucilagineuse adoucissante ; après avoir été moulue et blutée très fin, elle est susceptible d'entrer dans toutes les boissons regardées comme délayantes et pectorales. Alors on la donne en décoction depuis deux jusqu'à quatre gros dans un litre d'eau, et depuis une once jusqu'à deux dans l'eau suffisante pour gargarisme. Dans les lavemens, on la porte à la même quantité. Les semences de l'avoine, prises entières et bouillies plus ou moins long-temps dans le vinaigre, sont mises en usage pour composer des topiques sur la peau ; leur application chaude, et plus ou moins continuée, en détermine la rubéfaction d'une manière assez forte pour remplacer les épispastiques. La farine d'avoine, passée au tamis de soie, sert encore à confectionner des boissons, et même des bouillies regardées comme rafraîchissantes, désignées généralement sous le nom de *gruau d'avoine*.

Genre FROMENT. *Triticum*. Fleur en épi, axe de l'épi denté, épillets solitaires opposés à l'axe, glume multiflore à deux valves, balle à deux valves.

BLÉ FROMENT. *Triticum sativum*. Tout le monde connaît cette plante céréale, dont les caractères distinctifs sont d'avoir les épis simples, les glumes à quatre fleurs, toutes hermaphrodites. M. de Lamarck a réuni dans l'Encyclopédie méthodique, sous le nom de *triticum sativum*, le *triticum hybernum* de Linnée, ou FROMENT ORDINAIRE, et le *triticum æstivum*, ou BLÉ DE MARS, du même auteur.

Ces deux fromens ne sont plus considérés que comme des variétés d'une même espèce; chacune d'elles présente encore un grand nombre de variétés particulières pour la connaissance desquelles nous renvoyons aux ouvrages spéciaux, notamment au travail de M. Seringe ou à l'extrait qui en a été donné dans le *Dictionnaire classique d'Histoire naturelle*, article FROMENT.

On cultive encore d'autres espèces de froment, telles que le *triticum spelta*, ou ÉPEAUTRE, le *triticum compositum*, ou BLÉ DE MIRACLE.

M. Duhamel, dans ce qu'il a écrit sur la fabrication de l'amidon, indique le moyen de l'obtenir, en employant le blé dans son entier et non écrasé par le moulin. Après avoir fait choix de celui qu'on désire mettre en œuvre, on le dépose dans des bernes placées au soleil; on verse dessus une quantité d'eau suffisante, que l'on change et que l'on renouvelle au moins deux

fois par jour, autant pour enlever la partie colorante de l'enveloppe du blé que pour l'attendrir
et séparer toutes les parties muqueuses et glutineuses que contient sa farine. Les conditions les
plus favorables pour y arriver promptement
consistent à employer l'eau de rivière ou de
pluie, de choisir du blé récemment récolté, et
d'opérer pendant les temps chauds ; au bout de
huit jours d'immersion, la trempe est terminée,
et on le reconnaît à la facilité avec laquelle le
grain s'écrase entre les doigts. On le met ensuite
par quantités plus ou moins grandes dans des
sacs étroits et longs, confectionnés avec de la
toile claire assez forte, et surtout bien cousue,
que l'on étend sur une planche unie, placée en
travers sur une futaille propre et défoncée ; on
écrase autant qu'il est possible, en roulant avec
les mains ou en frappant avec un battoir le
grain enfermé dans le sac, et l'on reçoit tout ce
qui en sort dans la futaille placée dessous. Pour
en rendre la solution encore plus facile, on
trempe le sac de temps en temps dans l'eau, et
on l'exprime aussi fortement qu'il est possible.
Au bout d'un certain temps de ces manœuvres
répétées, l'eau qui en sort n'est plus blanche ni
chargée d'aucune manière ; on retire le marc du

sac, on le jette à part dans un autre tonneau pour en faire une trempe nouvelle et en extraire ce qui pourrait rester encore d'amidon, qui, quoique moins blanc, ne doit pas être perdu. Pour faciliter la sortie de l'eau chargée de l'amidon à travers la toile du sac, il faut le retourner de bas en haut, et le racler avec une lame en bois, afin de le dépouiller complétement de la matière glutineuse dont il est imprégné, et qui y adhère avec le son.

Cette opération terminée, les bernes étant remplies avec toute la partie farineuse qui a pu sortir du blé, et qui se trouve alors étendue dans une grande quantité d'eau, on la laisse déposer au fond des tonneaux. Alors à la partie supérieure il surnage de l'eau roussâtre, que l'on rejette aussi souvent qu'elle se présente pour y en ajouter de la claire; et, lorsqu'il n'en vient plus, on agite, et l'on mélange le tout avec toute celle qui surnage, pour le passer ensuite à travers un tamis fin et le conserver dans des bernes nouvelles très propres. L'amidon, passé au tamis, se précipite de nouveau; on peut même encore le laver aussi souvent qu'il sera jugé nécessaire, mais sans qu'il soit besoin de le tamiser. On laisse égoutter: après quelques jours d'exposition au soleil, il prend corps; et, après l'avoir coupé par morceaux plus ou moins gros, on achève de le dessécher complétement en le tenant exposé aux courans d'air ou au soleil, étendu sur des planches recouvertes d'une toile fine pour l'empêcher d'y adhérer, parce qu'il conserve toujours un peu de viscosité. De le sécher à l'air ou au soleil est toujours préférable plutôt que d'avoir recours à l'étuve; car avec la première manière, l'amidon qu'on obtient est d'une blancheur éblouissante, tandis que, de l'autre, il est terne, et même un peu coloré par une nuance verdâtre, comme nous le dirons plus bas.

Quoique le procédé que nous venons d'indiquer ne soit pas tout-à-fait conforme à celui qui est suivi par la plupart des amidonniers, quoique les produits qu'on en obtient soient un peu plus chers qu'en suivant les opérations habituelles, il n'en est pas moins vrai qu'il présente de véritables avantages; car il est d'abord beaucoup plus pur, beaucoup plus blanc; et si l'on préfère n'opérer pour l'obtenir que de mettre en œuvre des blés avariés d'une façon quelconque, c'est qu'ils sont moins élevés dans leur prix, et que, pour éviter quelques longueurs dans son travail, l'amidonnier préfère encore les faire écraser, et commencer par la mouture plutôt que de s'en servir dans son état d'intégrité.

Genre SEIGLE. *Secale.* Fleur en épi denté, épillets solitaires sur chaque dent de l'axe, glume à deux valves linéaires, à trois fleurs, dont la supérieure avorte; balle à deux valves, dont l'extérieure est aristée au sommet, et l'intérieure mutique, bidentée.

SEIGLE CULTIVÉ. *Secale cereale.* Tiges de quatre à cinq pieds de haut, dressées, fermes, velues sous l'épi; feuilles assez courtes, planes, larges, molles; épi aplati, long de trois à cinq pouces, composé de stylets serrés, imbriqués, accompagné de deux folioles scarieuses, incisées, outre la glume, qui est un peu plus grande; la valve externe de chaque balle est denticulée sur les bords, et surmontée d'une arête hispide.

La farine du seigle contient en assez grande abondance de l'amidon ou fécule amilacée jointe à une matière glutineuse particulière qui y est inhérente; on en fait du pain plus ou moins bis, suivant la qualité des graines d'où elle provient; il passe même pour être rafraîchissant ou plutôt laxatif; elle est encore la base principale de la colle de pâte. Mélangée avec un tiers de farine

du froment, le pain qui en résulte se conserve
long-temps frais ; mais la fécule amilacée, jointe
à la matière glutineuse qui se trouve dans la farine de seigle, exige qu'on emploie de grands
levains pour la panifier ; ils doivent même égaler
la moitié de la pâte ; l'eau doit être à peine
chaude pour la pétrir extrêmement forte ; on y
donne ensuite beaucoup d'apprêt à cause de sa
douceur, et on la travaille beaucoup. Pour la
cuire, le four doit être très chaud et le pain y
rester plus ou moins long-temps, suivant sa
grosseur et son épaisseur. Dans la plus grande
partie des contrées allemandes on ne trouve
guère autre chose que du pain de seigle, qui est
assez bien fait. Dans quelques pays on vante
beaucoup le pain fait avec le seigle et le sarra-
sin ; il paraîtrait qu'une pareille association de
farine ne serait due qu'à la fécule amilacée,
dont celle-ci est beaucoup plus fournie que celle
de l'autre.

Il n'y a guère que le SEIGLE ERGOTÉ, *secale
cornutum*, qui soit employé en médecine comme
un stimulant qui agit spécialement sur l'utérus
dans les femmes au moment de l'accouchement ;
on le donne depuis trente jusqu'à cinquante
grains, infusés ou bouillis dans six onces d'eau ;

on peut en faire bouillir jusqu'à deux gros dans
une chopine d'eau pour l'administrer en lavement. Mais il faut apporter la plus grande attention lorsqu'on veut y avoir recours, et en
cesser absolument toute espèce d'usage aussitôt
après en avoir obtenu l'effet désiré. On l'a asso-
cié au girofle, à l'huile essentielle de menthe ou
de muscade ; mais voici la forme la plus usitée :
Prenez seigle ergoté réduit en poudre fine, un
gros ; sirop simple, une once ; esprit de menthe,
trois gouttes. Mêlez dans un mortier, pour donner par cuillerées à bouche toutes les dix minutes.

Genre ORGE. *Hordeum.* Fleur en épi, axe de
l'épi denté, épillets placés trois à trois sur chaque
dent de l'axe, les latéraux souvent mâles et pé-
dicellés, celui du milieu hermaphrodite et se-
nile ; glume uniflore, à deux valves, simulant un
involucre.

ORGE COMMUN. *Hordeum vulgare.* Tige d'environ trois pieds, dressée, ferme, glabre, feuillée
presque jusqu'à l'épi ; feuilles larges, striées,
rudes au toucher, glabres ; épis longs de deux à
trois pouces, gros, disposés presque sur six
rangs, dont deux sont plus proéminens ; toutes

4

les fleurs sont hermaphrodites et pourvues de barbes.

On cultive encore d'autres espèces d'orge, telles que l'*hordeum distichon*, l'*hordeum hexastichon*. (*Voyez* les ouvrages spéciaux de botanique ou d'agriculture qui se trouvent dans la Collection des Manuels.)

L'orge est en *grain;* lorsqu'il a été choisi et conservé avec son écorce, il est *mondé;* lorsqu'après quelques tours de meule seulement il se trouve dépouillé de son écorce; entièrement écrasé et réduit en petits grains, il est *perlé;* en *farine* ou *gruée*, lorsqu'après être sorti du moulin totalement écrasé il a été passé à travers des tamis plus ou moins fins; mais, sous quelque forme qu'il soit employé, on le considère comme moyen adoucissant, émollient et délayant dans les lotions, gargarismes et lavemens; sa dose est depuis quatre gros jusqu'à une once dans suffisante quantité d'eau; sa farine pour cataplasme s'emploie en quantité indéterminée.

Cette farine d'orge, en raison de la substance amilacée et glutineuse qu'elle renferme en très grande quantité, sert à quelques préparations assez usitées dans plusieurs cas de maladies et de délabrement des organes servant à la digestion ; quelques uns, après avoir tamisé très fin la farine d'orge, la renferment dans un vase de porcelaine ou de terre qui puisse supporter une grande chaleur soutenue et continuée pendant quelque temps dans un four, après que le pain en a été tiré ; ensuite, après l'avoir laissé refroidir de nouveau, elle est écrasée, tamisée et mélangée avec un sixième de son poids de cassonade ou de sucre. On en prend une cuillerée à bouche, que l'on délaie dans un peu d'eau pour la verser ensuite dans le lait ou le bouillon gras prêt à entrer en ébullition ; parvenue au point de cuisson convenable, elle constitue une espèce de potage aussi nutritif qu'il est adoucissant dans les circonstances indiquées plus haut.

D'autres, après avoir choisi ou mondé l'orge en grain, après l'avoir fait moudre, après en avoir tamisé la farine de manière à n'en conserver que la fine fleur, qu'ils renferment dans un sac de toile forte et serrée, la mettent au fond d'un chaudron garni de sarment de paille ou de tout autre corps qui puisse l'empêcher de toucher le fond et de brûler pendant le temps qu'il doit rester sur le feu ; ensuite, après y avoir ajouté de l'eau, ils font bouillir le tout ensemble

l'espace de huit à dix heures au moins. Ils re-
tirent le sac, qu'ils décousent pour enlever une
croûte assez épaisse que l'eau bouillante a formée dans le pourtour de la farine ; desséchée et
réduite en poudre, on fait avec des potages
assez bons; mais il ne faut préparer de cette
croûte qu'une très petite quantité à la fois, car
elle durcit très promptement, et si on la gardait
trop long-temps il ne serait plus possible d'en
tirer aucun parti ; enfin, tout ce qui reste de la
farine d'orge agglomérée et pelotonnée, après
avoir été desséché à la chaleur du four, finit
par prendre une couleur roussâtre si on le soumet quelque temps à la continuité de la chaleur;
on le retire pour le conserver dans un endroit
sec.

Une cuillerée à bouche de cette farine d'orge
ainsi préparée, délayée dans suffisante quantité
de bouillon, dans du lait, ou seulement dans de
l'eau ordinaire, à laquelle on aurait ajouté un
peu de beurre, suffit pour confectionner une espèce de potage médicamenteux facile à digérer et
assez agréable au goût. Quelques vendeurs font
un secret de cette préparation de l'orge pour en
augmenter le prix : elle est cependant bien simple,
et la faveur dont elle jouit n'est due qu'à la fé-

cule amilacée et au gluten qu'elle renferme, et qui s'y trouvent alors beaucoup plus concentrés que dans l'état naturel.

Aussi, pour faire avec la farine d'orge le pain que l'on veut conserver pendant quelque temps, on a grand soin de n'employer en levain que le tiers de la quantité de farine que l'on veut convertir; autrement il deviendrait trop gras, et par conséquent difficile à digérer. La pâte qui en résulte demande à être travaillée fort et long-temps, et avec de l'eau tiède seulement, car elle fermente très vite et presque sans apprêt; pour cuire elle exige une température très élevée et longtemps continuée. Avec un mélange de farine d'orge et de pommes de terre on fait du pain, qui est assez recherché dans plusieurs contrées d'Allemagne; les Suédois mêlent la farine d'orge avec celle de l'avoine pour confectionner des pains dont ils font un usage assez général.

Le *malt* employé par les brasseurs est de l'orge germé qu'on a fait dessécher à l'étuve, en l'y soumettant à une chaleur plus ou moins longtemps continuée.

Genre PANIS. *Panicum.* Glume uniflore, bivalve, munie d'une troisième valve à sa base externe; balle à deux valves persistantes; fleurs en panicule, entourées souvent à leur base de soies formant une espèce d'involucre.

Panicum italicum, L. Millet des oiseaux. Tige de trois à quatre pieds de haut, dressée, rameuse; feuilles larges, velues à l'entrée et sur les bords de la gaine; axe de l'épi laineux; épi très gros, long de près d'un pied, penché, composé de grappes nombreuses et arrondies; les graines sont lisses et luisantes, de couleur blanchâtre ou un peu violette.

Genre HOLCUS. Epillets mi-biflores, les uns contenant des fleurs mâles membraneuses et sans arête, les autres formés de fleurs hermaphrodites, coriaces, munies le plus souvent d'une arête qui part du réceptacle; fleurs en panicule.

Holcus sorghum, L. GRAND MILLET, GROS MILLET. Cette grande et belle graminée a des tiges pleines de moelle, articulées au moins de l'épaisseur du doigt, feuillées dans toute leur longueur, de six à huit pieds de haut et plus; les feuilles sont glabres et longues d'environ trois pieds, vertes à leurs deux faces, traversées par une grosse nervure blanche; les fleurs sont disposées en panicule terminal long de six à huit pouces; les semences sont arrondies, assez grosses, variables dans leur couleur du blanc au

jaune, du brun au noir, du pourpre au noirâtre.

Cette plante, originaire de l'Inde, est depuis
bien long-temps cultivée en Europe, surtout en
Italie, en Allemagne et une partie de la Bourgogne; les semences réduites en farine, que l'on
mange en bouillie préparée avec l'eau, le lait,
le bouillon, et diversement assaisonnée, fournissent un aliment assez facile à digérer et légèrement laxatif, qui convient à beaucoup d'estomacs; dans les temps de disette on pourrait
encore mélanger sa farine avec celle du froment
ou toute autre pour en faire du pain.

·Genre Maïs. Fleurs mâles et femelles, placées
dans des épillets distincts; épillets mâles biflo-
res, disposés en panicule terminal; épillets femelles uniflores; épis axillaires, stigmates très
longs, graines lisses, arrondies, disposées d'une
manière régulière et comme incrustées dans l'axe
de l'épi.

Maïs Zea, Gœrt. *Zea Maïs*, L. Blé de Turquie. Tige grosse, haute de trois à cinq pieds,
noueuse, inégale, glabre; feuilles longues, larges, engaînantes, ciliées sur les bords, avec une
large nervure blanche au milieu; épis femelles
très gros, ventrus, sessiles, solitaires, envelop-

pés dans les gaînes des feuilles voisines, qui les entourent en manière de spathe, laissant passer les styles, qui sont roussâtres et nombreux; fleurs mâles nues, terminales.

Le fruit du maïs consiste dans un très grand nombre de semences dures, très serrées, plus ou moins grosses, arrondies, anguleuses à leur base, disposées longitudinalement sur huit à dix rangs et logées à moitié des cellules creusées à la superficie d'un réceptacle commun, cylindrique, épais, fongueux, long depuis six jusqu'à douze pouces; leur écorce est mince, ferme, colorée, glabre, lisse, luisante, et renferme une substance blanche ou jaunâtre, farineuse et très nourrissante. Lorsqu'il est mûr, ces tuniques s'écartent et laissent apercevoir la couleur de l'épi. Le maïs est originaire de l'Amérique, où il était cultivé long-temps avant qu'elle ne fût découverte. Ses variétés sont assez nombreuses, blanche et purpurine. Celle qui devrait être plus recherchée est la hâtive, surtout dans nos pays; et quoiqu'elle soit généralement connue sous les noms de *blé d'Espagne*, *blé de Turquie*, *blé de Guinée*, *blé d'Inde*, *gros millet des Indes*, cela ne sert qu'à tromper sur sa véritable origine.

Après le riz et le froment, le maïs est une des ...aminées le plus généralement cultivées en Eu- ...pe; il sert à engraisser les volailles, à nourrir ...s pigeons, les porcs. C'est principalement lors- ...'il a été réduit en farine que les hommes en ...nt des bouillies, des gaudes, qui servent à l'ali- ...entation de tous ceux qui sont soumis à des ...avaux plus ou moins pénibles. Employé seul, ...pain qu'il fournit est lourd, grossier, plus ou ...oins indigeste, même pour les estomacs ro- ...stes à qui son usage convient en bouillie; ...ais il se mélange assez bien avec le froment ou ...pomme de terre. On en prépare des beignets, ...s fritures très délicates; ses jeunes pousses ser- ...nt très souvent à remplacer les cornichons, ...rsqu'on les a laissées séjourner dans l'acide acé- ...que (le vinaigre).

Quoique très peu employé en médecine, on ...en sert cependant dans quelques contrées pour ...emplacer la farine d'orge, soit en décoction, ...it en cataplasmes. En effet, sa farine contient ...ois substances très différentes les unes des au- ...es.

1°. Une matière aqueuse et légèrement géla- ...neuse assez semblable à la gomme.

2°. Une autre matière sucrée qu'on est parvenu à cristalliser. —

3°. Enfin une fécule amilacée presque semblable à l'amidon du froment : mais il ne contient rien du gluten qui caractérise ce dernier aussi c'est pourquoi l'on a presque renoncé l'emploi de chacun des principes trouvés dans l maïs d'une manière séparée.

Genre ORIZA. Glume bivalve, uniflore; ball à deux valves en carène; l'extérieure cannelée terminée par une longue arête; six étamines stigmates plumeux, en massue; une semenc comprimée, striée, enveloppée par la balle.

Oriza sativa, L. Les racines sont fibreuses capillaires et touffues; elles produisent plusieur chaumes droits, épais, cylindriques, hauts d trois à quatre pieds; les feuilles sont larges, fermes, très longues; les fleurs forment un ampl et beau panicule terminal; les semences son blanches, oblongues, et varient par leur forme, leur grosseur, et fournissent un assez grand nombre de variétés.

Originaire de l'Inde, on le cultive en Espagne, en Piémont, et dans tous les pays chauds, humides et marécageux. Presque la moitié du monde est alimenté par le riz; la consommation

est immense dans nos pays. On peut en faire
pain très nourrissant, et il y supplée presque
artout. Les Indiens l'emploient non seulement
our faire des gâteaux, des bouillies, mais ils le
nt fermenter, et en obtiennent l'arak, que nous
régeons et que nous appelons rack. La décoc-
on de riz plus ou moins chargée, suivant le be-
in, est le même véhicule dont ils se servent pour
lministrer un grand nombre de médicamens.

Le riz peut exister dans deux états : dans le
remier, il est enfermé dans ses balles avec son
mbryon ; dans le second, il est dépouillé de ses
alles et n'a plus d'embryon. C'est le riz du
ommerce. Pour en faire du pain, il faut l'em-
loyer dans le premier état, autrement il ne fer-
enterait pas. Lorsqu'on peut le moudre, on
n prend la farine que l'on traite comme celle
es autres graminées ; dans le cas contraire, on
it chauffer de l'eau, et lorsqu'elle est prête à
ouillir, on y jette une quantité de riz en grain,
roportionnée à la quantité de pain qu'on veut
voir ; on l'y laisse tremper pendant douze heures
peu près ; le riz tombe au fond, et on jette l'eau
ui le surnage, on le retire pour le faire égoutter
ur une table, on le pile après qu'il est desséché,
n le passe au tamis pour en avoir la farine, on

en prend une certaine quantité que l'on place
dans le pétrin ; on fait chauffer de l'eau dans laquelle on jette du riz en grain, que l'on fait crever, on laisse refroidir, et on verse cette eau
chargée sur la farine pour pétrir le tout ensemble. Après y avoir ajouté un peu de sel et du
levain, on couvre avec des linges, et on laisse
établir la fermentation. La pâte devient liquide,
on la met dans une casserole étamée, dans le
fond de laquelle on a mis un peu d'eau ; pleine de
pâte, on la recouvre avec du papier, après avoir
renversé le tout le plus promptement possible ;
la chaleur saisit cette pâte, l'empêche de s'étendre, et conserve la forme de la casserole ; bientôt après il est assez cuit, pour rester jaune et
aussi beau que le pain le mieux cuit.

Le riz du commerce étant mondé et n'ayant
plus de germe, ne contient qu'une substance
mucilagineuse amilacée ; il n'a presque plus de
matière fermentescible. Avec ses balles et son
germe on le met dans un sac de toile cousu ; on
le fait crever et cuire dans l'eau ; après l'avoir
fait égoutter pendant quatre heures, on ouvre
le sac, on le fait sécher sur une serviette, ce qui
lui donne un goût beaucoup plus agréable ; il
peut alors se conserver long-temps. Il n'y a plus

qu'à le faire chauffer dans du bouillon ou du lait, et l'y laisser séjourner pendant quinze ou vingt minutes au plus. Mais si l'on ajoute seulement de l'eau et des assaisonnemens convenables, au lieu de le faire bouillir, il faut seulement l'y laisser séjourner en entretenant la chaleur modérée, après qu'il a approché de l'ébullition; après quatre heures il est bon à manger.

On en fait une boisson fermentée de la manière suivante: après en avoir fait cuire dans une certaine quantité d'eau, qu'on laisse évaporer, il se forme au fond du chaudron une espèce de gratin qui est encore bon à manger. On verse le riz dans une cruche assez grande, on y ajoute de la farine de riz et un peu de levain ou de la levure de bière, et on achève de remplir avec de l'eau, qu'on laisse à l'air libre; le riz fermente après trois ou quatre jours; tout le liquide est alors alcoolique, et on peut le boire pour se désaltérer. Son goût est aussi agréable que sucré, et même assez stimulant; son marc est acidule, et conserve toujours un peu de mucoso-sucré qui peut encore permettre de le manger. Pour répéter l'opération dans la même cruche, il n'est besoin que d'y ajouter du nouveau riz sans

5

levain. Le pilaw des Turcs n'est rien autre que du riz cuit avec le suc des viandes et coloré avec du safran assaisonné de sel. La nourriture que fournit le riz convient à tous les estomacs, chez ceux qui fatiguent beaucoup principalement ; ses semences s'emploient en décoction comme mucilagineuses et nutritives, depuis six gros jusqu'à douze gros dans une et deux livres d'eau ordinaire, et depuis six gros jusqu'à une once, dans une quantité suffisante de décoction, pour un clystère.

§. III. *L'Iris de Florence.*

Iris florentina. Glaïeul commun, *Gladiolus communis.* Triandrie monogynie, L. Famille des iridées, J. (Végétaux vasculaires, endogènes ou monocotylédons.)

Périgone pétaloïde adhérant à l'ovaire, à six divisions souvent irrégulières; trois étamines insérées à la base des divisions externes du périgone; anthères linéaires s'ouvrant intérieurement; style unique ou nul; un à trois stigmates; capsule à trois loges, à trois valves; graines attachées à l'angle interne des valves : plantes herbacées à racines tubéreuses; feuilles entières, engaînantes; fleurs entourées d'une spathe membraneuse; périgone à six divisions, dont trois intérieures, petites, droites, et trois extérieures, grandes et étalées; style court, à trois stigmates pétaloïdes.

La racine est tubéreuse, noueuse, elle exhale une odeur de violette; il en part une tige haute d'un pied et demi à peu près, munie de quatre à cinq feuilles, et qui soutient une couple de grandes fleurs blanches; les feuilles sont ensiformes, droites, glabres, plus courtes que la tige.

Genre GLAIEUL COMMUN. *Gladiolus communis.* Périgone en forme d'entonnoir dont le limbe est à six divisions inégales, presque disposées comme deux lèvres, et plus profondément échancrées à la lèvre inférieure; stigmate à trois lobes étalés.

La racine est tubéreuse, charnue, ovale, obronde; elle pousse une tige haute d'un à deux pieds, lisse, feuillée, très simple et terminée par un épi lâche, long de six pouces ou plus souvent unilatéral; les feuilles sont ensiformes, pointues, nerveuses, glabres; les fleurs sont purpurines et quelquefois blanches, au nombre de six à neuf sur le même épi, et garnies chacune à leur base d'une spathe assez longue, lancéolée, verdâtre et diphylle.

L'iris commun est considéré comme un excitant

et purgatif; l'*iris tuberosa* et l'*iris pseudo-acorus*
jouissent des mêmes propriétés; on les emploie
de la même manière. Sa racine se donne en infusion depuis un jusqu'à deux gros; sa poudre
s'administre depuis dix-huit jusqu'à trente-six
grains en opiat et en pilules; son suc, en nature
et par cuillerées à bouche depuis quatre gros jusqu'à une once; son infusion vineuse, depuis deux
jusqu'à quatre onces. L'*iris de Florence*, de même
que le germanique, celui des marais, le fétide,
ont tous la même propriété. On donne leur poudre en pilules, ou délayée, depuis seize jusqu'à
vingt-quatre grains, et son suc depuis une jusqu'à deux onces par cuillerée dans le courant
de la journée, délayé ou mêlé dans du vin blanc:
quelques uns même l'indiquent comme une poudre drastique prise à la dose de quatre gros à
une once et demie.

§. IV. *L'Orchis mâle.*

ORCHIS MALE. *Orchis mascula*, L. Gynandrie
diandrie, L. Famille des orchidées, J. (Végétaux
endogènes ou monocotylédons.)

Périgone pétaloïde, adhérant à l'ovaire, à six
divisions profondes, irrégulières, dont cinq supérieures et une inférieure d'une forme parti-

entière (tablier); un, deux anthères sessiles, tantôt
au sommet, tantôt sur les côtés du style, qui est
en forme de colonne; stigmate arrondi, visqueux,
situé à la base, au sommet ou sur le côté du
style; capsule polysperme à une loge, à trois
valves; graines petites, attachées à trois placentas
pariétaux. — Herbes à racines fibreuses ou for-
mées de tubercules ovoïdes et palmes; feuilles
entières embrassantes; fleurs en épi muni de
bractées.

Genre ORCHIS. *Orchis mascula*. Périgone dont
la division supérieure est voûtée et l'inférieure
prolongée en éperon à sa base; stigmate con-
vexe placé au-devant du style; une anthère bi-
loculaire terminale.

Les deux tubercules que l'on trouve à la base
de la tige sont ovoïdes, allongés, blancs, charnus, surmontés de fibres grêles, cylindriques,
simples, terminés par un épi assez serré de
fleurs purpurines; les feuilles sont ovales, allongées, luisantes, glabres, assez souvent marquées de taches noirâtres : ce sont les bulbes de
ces diverses espèces d'orchis qui fournissent le
salep, regardé comme fécule amilacée qui jouit
des mêmes vertus et s'emploie de la même manière que le *sagou*.

Salep, nom persan par lequel on désigne la fécule amilacée qu'on trouve dans le commerce sous cette dénomination. Autrefois le salep était regardé comme un aphrodisiaque assez énergique, mais actuellement on ne lui attribue plus guère que des vertus médicamenteuses qui l'ont fait considérer depuis long-temps comme un analeptique et un corroborant bon à mettre en usage dans plusieurs circonstances. Pour le préparer, on ramasse les tubercules de l'orchis, on les lave, on les fait sécher sur des toiles, puis on les passe dans des fils ; ensuite, pour enlever la pellicule qui les recouvre, on les trempe dans l'eau chaude pour les mettre pendant l'espace de six heures dans un four très chaud, où ils ne tardent pas à devenir transparens ; on les fait ensuite dessécher peu à peu et lentement pour les rendre absolument pareils à ceux que l'on trouve dans le commerce.

Pour employer le salep, il est nécessaire de le pulvériser dans un mortier, après avoir pris la précaution de le laisser tremper pendant quelque temps dans l'eau ; là, il développe une légère odeur spermatique à laquelle on attribue sans doute ses vertus aphrodisiaques ; mais beaucoup d'autres substances la fournissent aussi sans jouir des mêmes propriétés. La fécule amilacée du salep diffère cependant des autres par son odeur, par la difficulté de la réduire en poudre, enfin, par son apparence cornée; sous un très petit volume, elle peut nourrir beaucoup. Pour la dissoudre, il faut soixante fois son poids d'eau, ce qui, vu la petite quantité qu'on est forcé d'en employer pour les potages qu'on en fait, le met à une très petite valeur, et peut en permettre l'usage comme analeptique aussi puissant que corroborant dans les consomptions, les maladies de poitrine, la maigreur, le marasme, après les maladies longues, et dans les diarrhées chroniques ou continues.

En effet, il est composé de fécule extrêmement pure, de suc végétal et d'une substance absolument analogue à la fibrine des animaux; son odeur spermatique a un principe volatil qui s'évapore promptement, car on ne le trouve que dans les plantes fraîches. Les bulbes de l'orchis remplaceraient au besoin ceux de Perse en leur faisant subir la même préparation; mais nous avons le salep à si bon marché dans le commerce, qu'il est presque inutile d'y avoir recours et de le fabriquer : les nôtres d'ailleurs sont trop petits pour en obtenir une assez grande quantité et susceptible de couvrir la main d'œuvre qui serait nécessaire pour l'avoir. Vingt-quatre grains de salep étendus et dissous dans quatre onces d'eau ordinaire deviennent durs et forment un corps solide, et si on y ajoute de la magnésie, de la chaux, ou une autre substance terreuse, et qu'on abandonne le tout pendant trente ou quarante jours, il reste dans son premier état. Malgré toutes les vertus qu'on lui attribue, le salep ne sera jamais meilleur que les fécules amilacées que nous retirons des plantes de nos pays et surtout de celle de la pomme de terre.

§. V. *Le Sagou.*

Nous devons, avant que d'aller plus loin, dire que le sagou est fourni par plusieurs espèces de la famille des *palmiers* et du genre *sagoutier*, en latin *sagus*; il paraît même que des végétaux de la même famille, mais appartenant à d'autres genres, peuvent en donner aussi. Comme ce point n'est pas encore parfaitement éclairci, et que les botanistes, du moins ceux dont nous avons pu consulter les ouvrages, ne paraissent pas même tout-à-fait d'accord sur la synonymie des espèces qui contiennent cette substance, nous nous bornerons à cette simple indication, renvoyant pour plus de détails aux ouvrages *ex professo*.

Comme cette substance amilacée est contenue dans le centre des palmiers qui la fournissent, on l'extrait en séparant de l'arbre toute la substance molle, pour la soumettre à des lavages plus ou moins répétés, jusqu'à ce qu'on en ait extrait toute la substance qu'elle contient. On la considère comme adoucissante, pectorale, et surtout comme nutritive; on l'administre en décoction à la dose d'une demi-once à une once, pour deux livres d'eau.

Un palmier de certaine grosseur peut donner, suivant les naturalistes, jusqu'à quarante et même jusqu'à cinquante livres de sagou; pour l'obtenir, il faut fendre l'arbre dans toute sa longueur, ce qui en détruit beaucoup, mais on les renouvelle à mesure, et comme la fécule peut, après l'incision faite, se conserver encore dans l'intérieur pendant plus d'une année, on n'en extrait que la quantité dont on peut avoir besoin.

Comme pour obtenir toutes les fécules, c'est par le moyen des lavages à grande eau, opérés sur la moelle de l'arbre, qu'on délaie pour la passer au tamis et la séparer des matières étrangères; on l'expose ensuite à l'ardeur du soleil, afin de lui donner la forme graminée; on la moule aussi sous différentes formes dans des boîtes de fer-blanc qui servent encore à la conserver pendant plusieurs années de suite et ne l'employer qu'au besoin : celui du commerce est broyé sous des meules, comme l'orge dans nos pays; alors il a une teinte rosée qui se perd peu à peu, il devient blanchâtre et même extrêmement blanc; ce que l'on considère comme un indice de sa détérioration.

Cette fécule est absolument sans odeur, insipide, extrêmement dure, ayant une apparence cornée. Lorsqu'il a été bien desséché, presque semblable à toutes les autres fécules, il se comporte dans l'eau chaude ou froide absolument de la même manière; la couleur qu'il y donne tient à un principe colorant qui lui est uni et dont nous avons parlé plus haut.

Les habitans des Moluques en font des gâteaux ; c'est même la base principale de leur nourriture. Dans nos usages domestiques, on l'emploie dans les potages, les bouillies, les gâteaux, les crèmes, et de la même manière que les autres fécules. On attribue à ces diverses préparations d'être pectorales et analeptiques, restaurantes pour les personnes amaigries, ou épuisées par une longue maladie, chez celles que des excès vénériens auraient fait tomber dans la consomption, pour les enfans rachitiques et menacés de maladies de poitrine; on le regarde comme susceptible de réparer les fonctions vitales, et rendre l'énergie à l'estomac; propre à faire recouvrer la fraîcheur et l'embonpoint qui aurait été perdu.

En effet, quoique par expérience il soit certain que beaucoup d'individus ont, par le moyen de la fécule du sagou, recouvré les forces et la santé qu'ils avaient perdues ou détériorées d'une manière plus ou moins apparente, il n'en est pas moins vrai qu'il serait extrêmement malheureux de ne pas avoir d'autre moyen pour y parvenir; il est hors de doute qu'avec la fécule de la pomme de terre on remplirait les mêmes intentions; et comme le sagou ne peut nous arriver que par le commerce, il est certain qu'on ne peut l'avoir déjà que fabriqué très anciennement, ayant presque toujours subi des avaries plus ou moins considérables, lorsqu'il n'est pas moisi ou presque entièrement décomposé. Nos fécules, toujours fraîches, et qu'on peut renouveler suivant le besoin et sur les lieux, jouissent de toutes les vertus qu'on trouve dans celles qui, pour avoir été préparées à quelques milliers de lieues, n'en diffèrent que de si peu de chose, que cela ne vaut pas la peine de chercher à établir une distinction quelconque.

Ainsi, le sagou ne doit être considéré que de la même manière que toutes les autres fécules; car, d'après l'expérience, il se comporte de même que l'amidon dans l'eau; il y devient acide. Par les procédés employés dans celle de la pomme de terre, on le convertit en une matière sucrée, susceptible de fermenter et fournir de l'eau-de-vie et du vinaigre.

On l'emploie comme moyen adoucissant dans les boissons conseillées pour les maladies inflammatoires fixées sur les organes de la digestion, comme l'amidon ordinaire; on le conseille aussi dans les lavemens. Point de différence, en un mot, entre le sagou et toutes les autres fécules extraites du blé ou autres plantes qui les fournissent; car, pour le mettre en usage comme substance nourrissante, il faut en délayer une once par livre d'eau, et après une demi-heure d'ébullition il forme une gelée limpide et transparente qui indique qu'il est bon à manger. On l'assaisonne, on l'aromatise de toutes manières.

§. VI. *Le Manioc.*

MANIOC. *Janipha manihot*, Kunth. *Jatropha manihot*, L. Monoécie monadelphie, L. Famille des euphorbiacées, J. (Végétaux vasculaires exogènes ou dicotylédons.) Plantes à tiges cylindriques, rameuses, à feuilles simples; fleurs petites, herbacées, hermaphrodites, monoïques ou dioïques; périanthe unique, quelquefois nul; étamines insérées sur le réceptacle; un ovaire surmonté de deux ou trois styles, ou d'un style à trois stigmates s'ouvrant avec élasticité, contenant une ou deux semences insérées sur un axe central; périsperme charnu.

Genre JANIPHA MANIHOT. Fleurs monoïques; périanthe (périgone) campanulé à cinq divisions. *Dans les fleurs mâles*, dix étamines libres, insérées sur les bords d'un disque charnu, et qui sont alternativement plus longues et plus courtes. *Dans les fleurs femelles*, un ovaire libre à trois sillons, surmonté de trois styles bifides; le fruit est une capsule à trois coques monospermes.

Racines charnues, tubéreuses, de la grosseur du bras; tige ligneuse, tortueuse, glabre, haute de six à sept pieds; rameaux garnis de feuilles alternes pétiolées, profondément palmées, de trois

6

à sept lobes lancéolés aigus, entiers, longs de
cinq à six pouces ; les fleurs disposées en grappes
lâches, composées ; périanthe rougeâtre ou d'un
jaune pâle ; ovaire presque globuleux ; trois styg-
mates presque sessiles et bifides ; capsule sphé-
rique à trois coques, renfermant chacune une
semence luisante de la grosseur de celle du raisin.

C'est de ces racines que l'on obtient la *cassave*,
qui n'est autre chose qu'une substance amilacée,
ou plutôt une fécule ; mais elle diffère des autres
en ce qu'elle est sédative ou calmante, ce qui
tient, dit-on, à la présence d'une substance
vénéneuse qui s'en dégage lorsqu'on la prépare,
et dont elle conserve encore quelques restes ;
mais on ne la connaît pas encore bien parfaitement, parce qu'elle y est en si petite quantité,
qu'il serait difficile d'en réunir assez pour en
faire une analyse exacte. Quant au *tapioka*, c'est
aussi la même fécule amilacée, mais dans un
état très pur, que laisse déposer l'eau dans laquelle on a lavé la cassave fournie par le *jatropha manihot* dont il vient d'être ici question, et
qui a été soumise à une torréfaction plus ou
moins long-temps continuée.

Quoi qu'il en soit, le *jatropha manihot*, et
vulgairement le manioc, manioque, magnoc,

manihot, est un des arbrisseaux les plus inté-
ressans qu'on ait pu rencontrer en Amérique ;
ses avantages sont presque aussi précieux pour
ce pays que le blé, le riz et le maïs en Europe
et les autres parties du monde connu. Ses racines, grosses comme le bras, tubéreuses et
charnues, fournissent une fécule nourrissante
qui se trouve mélangée avec un poison dangereux, qui n'a pas empêché les hommes d'en
extraire une nourriture si salubre, qu'ils la préfèrent à tout ce que pourrait leur donner le
maïs. Toutes ses racines, ordinairement plus
grosses que nos betteraves, mûrissent ordinairement depuis sept jusqu'à dix-huit mois. C'est
alors qu'avec les procédés manipulatoires, on en
retire la cassave ou la farine de manioc. Ainsi,
pour les convertir en substance alimentaire, on
les dépouille du suc vénéneux qu'elles renferment par la compression, et en les exposant ensuite
à la chaleur pour achever la volatilisation de
ce qu'il pourrait encore en rester. Après les
avoir nettoyées à grande eau, après les avoir
râpées, on les étend sur des plaques de fer sous
lesquelles on fait du feu ; on en fait des galettes
extrêmement minces, qu'on désigne alors sous le
nom de *cassaves*. La farine est si différente de

celle-ci, que la division des petits grumeaux qui la forment ressemble assez à du pain chapelé. Plus la cassave est mince, plus elle est croquante et délicate, surtout après l'avoir laissée roussir. Mélangée avec portion égale de farine de froment, celle du manioc rend le pain beaucoup meilleur et plus délicat; il en est de même pour le biscuit. Mélangée avec l'eau ou le bouillon, elle se gonfle, et peut faire d'excellens potages. Les esclaves nègres la mangent en bouillie après l'avoir fait d'abord tremper dans l'eau froide, pour la jeter ensuite dans l'eau bouillante : c'est le *langou*; en y ajoutant du sucre, c'est le *matelé*, dont ils se servent dans les maladies. Quant à la *galette*, ce n'est que de la cassave mal cuite.

Le *cippa* est la véritable fécule du manioc, extrêmement blanche et fine; elle crépite entre les doigts, lorsqu'on la presse, absolument de la même manière que l'amidon. On la prépare de la même manière pour empeser le linge; on la trouve au fond des baquets où se font les lavages. On en fait des pâtisseries légères, de la poudre pour les cheveux, après l'avoir mise en pain, ensuite broyée et passée au tamis fin; en un mot, elle remplace la farine pour faire frire le

poisson, pour les liaisons dans les sauces, et fabriquer de la colle pour le papier.

On peut, par la fermentation, obtenir plusieurs boissons plus ou moins acidules et alcooliques, qui ne diffèrent entre elles que par le temps qu'on emploie à les faire, et par l'addition des substances qu'on y incorpore; on assure même que ses feuilles, cuites et hachées, se mangent et se préparent de la même manière que les épinards. Sa racine, râpée et appliquée fraîche sur les ulcérations, passe pour en déterminer la cicatrice d'une manière assez prompte; on lui attribue même des vertus résolutives très marquées.

§. VII. *La Serpentaire de Virginie.*

SERPENTAIRE DE VIRGINIE. *Aristolochia serpentaria.* Gynandrie hexandrie, L. Famille des aristoloches, Jus. (Végétaux exogènes ou dicotylédons.) Périgone adhérant à l'ovaire, monophylle; étamines en nombre défini, épigynes; un style court, terminé par un stigmate divisé; une capsule ou baie coriace, multiloculaire, polysperme.

Genre ARISTOLOCHE. *Aristolochia.* Périgone

tubuleux à sa base; limbe irrégulièrement con-
formé, soit en oreille d'âne, soit en corne d'abondance; six étamines soudées et confondues au
centre de la fleur avec le style et le stigmate;
capsule obovoïde, à six côtes et à six loges polyspermes.

Aristolochia serpentaria. Racine rampante,
vivace, composée d'un grand nombre de fibres
blanchâtres, allongées, grêles, touffues, un peu
rameuses, répandant une odeur aromatique,
forte et camphrée; tige grêle, haute de huit à
dix pouces, presque simple et pubescente;
feuilles alternes, pétiolées, cordiformes, aiguës,
entières, légèrement ciliées sur leurs bords, un
peu pubescentes; fleurs petites, d'un rouge
brunâtre, pédonculées, situées à la partie la
plus inférieure de la tige; périgone allongé et
irrégulièrement campanulé.

La serpentaire de Virginie, considérée en
médecine comme un tonique stimulant, contient
une assez grande quantité de fécule amilacée;
on emploie ses racines en infusions aqueuses et
vineuses, depuis deux jusqu'à quatre gros. Sa
décoction n'est guère usitée que pour faire des
gargarismes, dans lesquels on la fait entrer depuis deux jusqu'à quatre gros; son extrait s'ad-

ministre en bois depuis dix-huit jusqu'à trente grains.

§. VIII. *La Pomme de terre.*

Voir dans ce volume tout ce qui la concerne pour les développemens assez étendus que nous avons donnés à cette solanée, ainsi que le *Manuel du Boulanger*, qui fait partie de notre collection. Nous dirons ici seulement qu'en 1739, l'Académie jugea que l'amidon de pommes de terre, proposé par un sieur de Ghise, faisait un empois plus épais que celui de l'amidon ordinaire, mais que l'azur, employé pour le colorer en bleu, ne s'y mêlait pas aussi bien : cependant qu'il serait bon d'en permettre l'usage, parce qu'il épargnerait l'emploi de celui des grains; ce qui présenterait encore un assez grand avantage dans les temps de disette.

§. IX. *L'Artichaut commun.*

ARTICHAUT COMMUN. *Cynara scolymus*, L. Aunée. *Inula helenium*, L. Syngénésie. Famille des composées, Adanson, De Candolle. (Végétaux exogènes ou dicotylédons.)

Fleurs réunies sur un réceptacle commun, et entourées d'un involucre de plusieurs folioles,

de manière que leur assemblage paraît ne former
qu'une seule fleur. Chaque fleur, en particulier,
offre un calice adhérant à l'ovaire, dont le
limbe, rarement nul, se présente sous la forme
de dents ou d'une aigrette poilue ou plumeuse
qui couronne le fruit; une corolle monopétale
insérée au sommet de l'ovaire, tantôt tubuleuse
et ordinairement à cinq rangs (*fleuron*), tantôt
déjetée en languette d'un seul côté (*demi-fleuron*);
cinq étamines, dont les anthères sont réunies en
un tube qui donne passage au pistil; un style,
un ou deux stigmates, une capsule monosperme
indéhiscente (*akène*), ordinairement couronnée
d'une aigrette.

Genre *Cynara*. ARTICHAUT. Syngén. polyga-
mie égale, L. Cynarocéphales, Jus. Involucre très
grand, imbriqué d'écailles charnues à la base,
terminées en pointe épineuse, ne contenant que
des fleurons tous hermaphrodites; stigmate articulé au sommet du style; réceptacle charnu,
garni de soies; fruits couronnés de longues ai-
grettes plumeuses.

La racine, vivace, épaisse, charnue, dure,
rameuse, donne naissance à une tige cylindrique,
glabre, peu rameuse, de deux à trois pieds d'é-
lévation, qui donne attache à des feuilles très

grandes, pinnatifides, découpées en lobes, profondément et irrégulièrement dentées. Les capitules des fleurs naissent solitaires au sommet des ramifications de la tige; ils sont de la grosseur des deux poings. Leur réceptacle est très épais, charnu, concave; les folioles de l'involucre sont larges, épaisses; les fleurons sont d'une couleur violette claire, à tube très long, à limbe partagé en cinq lanières étroites.

Genre INULA. Syngén. polyg. superflue, L. Corymbifères, Jus. Involucre imbriqué; fleurs radiées, c'est-à-dire tubuleuses au centre et en languettes à la circonférence; fleurons hermaphrodites, jaunes; demi-fleurons femelles, de la couleur des fleurons; anthères prolongées en deux pointes à leur base, stigmate non articulé sur le style, réceptacle nu, fruit couronné d'une aigrette simple et sessile.

Inula helenium. Aunée. Grande et belle plante vivace, dont la racine est épaisse, d'un brun rougâtre extérieurement, et presque blanche dans son intérieur; elle donne naissance à une tige dressée, ferme, cylindrique, rameuse à son sommet, couverte d'un duvet cotonneux, et haute de quatre à six pieds. Les feuilles radicales sont ovales, allongées, aiguës, molles, coton-

neuses, surtout en dessus, irrégulièrement cré-
nelées, finissant à leur partie inférieure en un
long pétiole canaliculé; les feuilles caulinaires,
d'autant plus petites qu'elles approchent plus du
sommet de la tige, sont sessiles et plus arrondies.
Les fleurs sont grandes, solitaires, à l'extrémité
de chaque division de la tige.

C'est dans la racine de cette plante qu'on a
trouvé une substance qui a beaucoup de rapport
avec l'amidon. Pour l'obtenir, on prend cette
racine, que l'on fait bouillir dans l'eau; puis on
clarifie avec un blanc d'œuf, on évapore; et,
après avoir laissé reposer, on trouve l'*inuline*,
qui a pour densité 1,356. Extrêmement amère et
aromatique, cette matière est nutritive, et possède toutes les propriétés générales de l'amidon;
on l'emploie comme tonique, emménagogue et
expectorante. Seulement elle est différente de
l'amidon en ce que quatre parties d'eau chaude
ne peuvent dissoudre qu'une partie d'inuline,
d'une manière si étendue et si claire, qu'elle
peut passer par le filtre, ce qui la rend beaucoup plus soluble à chaud, tandis qu'à froid il
faut cent parties d'eau pour en dissoudre deux
d'inuline. Avec l'iode, elle ne donne pas de couleur bleue; on peut aussi la convertir en matière

sucrée. On l'extrait maintenant d'un grand nombre de végétaux depuis qu'elle a été trouvée dans l'aunée, l'artichaut. L'angélique, et plusieurs autres plantes qui servent de nourriture à l'homme, en contiennent beaucoup. On l'emploie en médecine comme un amer aromatique, susceptible d'augmenter la tonicité, de provoquer les règles et faciliter l'expectoration.

§. X. *L'Angélique officinale.*

ANGÉLIQUE OFFICINALE. *Angelica archangelica*, L. Pentandrie digynie. Famille des ombellifères, J. (Végétaux exogènes ou dicotylédons.) Calice adhérant à l'ovaire, dont le limbe est à cinq dents, en entier et à peine visible, cinq pétales insérés sur l'ovaire, cinq étamines alternes avec les pétales épigynes, deux styles; fruits composés de deux akènes, se séparant de bas en haut lors de la maturité : plantes herbacées à feuilles alternes et engaînantes; fleurs disposées en ombelle.

Genre ANGÉLIQUE. *Angelica*. Fleurs en ombelles composées, involucre de quelques folioles ou nul, involucelles polyphylles, pétales un peu recourbés en dessus; fruit ovoïde, membraneux sur les bords, marqué de stries saillantes et longitudinales, surmonté par les deux styles, qui sont divergens ; fleurs blanches.

Angelica archangelica. La racine est vivace, grosse, allongée, charnue, très rameuse, noirâtre à l'extérieur, blanche dans son intérieur ; la tige est cylindrique, grosse, dressée, rameuse, creuse intérieurement, striée, glabre ; elle est haute de trois à quatre pieds ; les feuilles sont très grandes, pétiolées, décomposées, deux ou trois fois pinnées ; les folioles ovales, lancéolées, aiguës, dentées en scie ; les ombelles sont nombreuses et très grandes ; le fruit est ovoïde, allongé, relevé de côtes saillantes, aromatique et excitant ; on l'administre en infusion et en décoction depuis un jusqu'à trois gros ; son eau distillée, depuis une jusqu'à quatre onces ; son extrait, depuis un scrupule jusqu'à un gros.

§. XI. *La Bryone.*

BRYONE. *Bryonia dioica*, Jacq. Famille des cucurbitacées, Jus. (Végétaux exogènes ou dicotylédons.) Fleurs monoïques ou dioïques, rarement hermaphrodites ; calice adhérant à l'ovaire, à cinq divisions ; corolle à cinq divisions, soudées avec le calice ; *fleurs mâles*, cinq étamines, dont les filets sont souvent réunis, entières, oblongues, à une loge, attachées au sommet des filets; *fleurs femelles*, un ovaire adhérent, plusieurs styles ou plusieurs stigmates; fruit charnu à une ou plusieurs loges polyspermes (péponide); graines horizontales, attachées par de longs filets dans l'angle des cloisons. — Plantes herbacées, sarmenteuses, grimpantes, à feuilles alternes munies d'une vrille à leur aisselle.

Genre *Bryonia*. Fleurs monoïques ou dioïques; calice à cinq dents aiguës, corolle à cinq divisions; *les mâles*, cinq anthères, dont quatre soudées et portées par deux filets; la cinquième libre; *les femelles*, trois styles, baie globuleuse à une loge polysperme; tige grimpante s'élevant à cinq ou six pieds, glabre, lisse; feuilles palmées, hispides, tuberculeuses sur les deux faces, non dentées, échancrées à la base, à cinq lobes profonds, dont le médian est trifide; vrilles axillaires très longues, fleurs en grappes; les mâles portées sur des pédoncules très longs et sur des pieds séparés; baies arrondies, rouges à leur maturité, contenant quatre à six graines ovoïdes, un peu pointues; fleurs d'un blanc verdâtre.

C'est M. *Baumé* qui le premier a tiré de l'amidon des racines de bryone, et l'on a assuré dans

7

le temps qu'il avait été trouvé aussi bon pour fabriquer la poudre à poudrer que pour faire la colle de pâte. Toutes les expériences qu'on avait faites avec celui-ci n'ont servi qu'à prouver qu'il était absolument semblable à l'amidon extrait du froment. On la regarde en médecine comme purgative et drastique; emménagogue et vénéneuse à haute dose; depuis un à deux gros, en infusion aqueuse ou vineuse. Sa quantité est indéterminée lorsqu'on s'en sert comme rubéfiant en cataplasme; sa poudre se prend en opiat et en bols.

§. XII. *La Filipendule.*

FILIPENDULE. *Spiræa filipendula*, L. Icosandrie pentagynie, L. Famille des rosacées, Jus. (Végétaux exogènes ou dicotylédons.) Calice à plusieurs divisions, ordinairement cinq; corolle à plusieurs pétales, le plus souvent cinq, insérés sur le calice; étamines en nombre indéfini; ovaire simple ou multiple, libre ou adhérent; fruit variable. — Herbes ou arbustes à feuilles alternes, stipulées à la base.

Genre SPIRÉE. *Spiræa.* Calice ouvert à cinq divisions; cinq pétales; étamines nombreuses; trois à douze ovaires libres, surmontés chacun d'un style, autant de capsules à une loge, contenant une à trois graines; racine vivace, dont les fibres portent des petits tubercules pendus comme à des fils; tige simple, haute d'un pied, dressée, nue dans le haut; feuilles ailées, longues, à folioles pinnatifides ou bipinnatifides, incisées, glabres; les caulinaires pourvues de stipules embrassantes, dentées; fleurs terminales presque en panicule corymbiforme; calice réfléchi; huit à douze styles; fleurs blanches ou rougeâtres.

§. XIII. *Les Légumineuses.* (*Plantes exogènes ou dicotylédones.*)

Les caractères de la famille des légumineuses, si utiles aux hommes sous un si grand nombre de rapports, qu'il n'y a que les graminées qui puissent l'emporter sur elles, sont d'être des végétaux à tige cylindrique, à feuilles alternes munies de stipule; calice monophylle à plusieurs divisions; corolle ordinairement de quatre pétales irréguliers, un supérieur et extérieur qui embrasse à moitié les autres, appelés *étendard;* deux latéraux, désignés sous le nom d'*ailes*, et un inférieur, courbé, nommé *carène;* dix étamines insérées au calice, réunies par les filets en un ou deux paquets (neuf dans un et un dans l'autre); ovaire simple, surmonté d'un style et d'un stigmate; fruit bivalve, ordinairement à une loge, nommé *gousse* ou *légume*.

Genre. *Phaseolus*. Calice à deux lèvres, la supérieure échancrée, l'inférieure à trois dents; étendard réfléchi; étamines, pistil et carène contournés en spirale, les premières formant deux faisceaux (diadelphes); gousse allongée, comprimée, polysperme. — Feuilles composées de trois folioles.

Phaseolus vulgaris, L. Haricot. —Tige volubile, s'élevant à trois jusqu'à cinq pieds, légèrement pubescente; feuilles à trois folioles ovales-obliques, articulées, terminées en languettes entières, pubescentes; la moyenne à pétiole, portant sur son milieu deux appendices stipuliformes; fleurs en grappes; pédicelles placés deux à deux; bractées ouvertes, plus petites que le calice; gousses pendantes, glabres; graines blanches ou variées; fleurs blanches, un peu jaunâtres en se développant.

Genre *Pisum*. Calice en cloche à cinq divisions, dont deux supérieures plus courtes; étamines diadelphes; style triangulaire, creusé intérieurement en carène; gousse oblongue, polysperme. — Feuilles ailées sans impaire, terminées par une vrille; stipules très grandes, orbiculaires.

Pisum sativum, L. Pois.—Tige volubile, assez simple, haute de un à deux pieds, glabre; feuilles ailées, à quatre, six folioles ovales, entières, avec des bractées beaucoup plus grandes, arrondies, dentées à la base et placées à la naissance du pétiole, lequel est terminé par des vrilles rameuses; pédoncule axillaire, biflore; gousses glabres, oblongues pendantes; fleurs blanches.

Genre *Ervum*. Calice à cinq divisions presque égales; étamines diadelphes; style droit, court; stigmate en tête, glabre; gousse comprimée, courte, contenant deux semences. — Feuilles ailées sans impaire, terminées par une vrille à folioles nombreuses.

Ervum lens, L. Lentille. — Tige dressée, rameuse, haute de huit à dix pouces, anguleuse, pubescente; feuilles ailées, celles du bas non vrillées, et à deux, quatre folioles, courtes, obovales, celles du haut à vrilles simples, à huit, douze folioles entières, ovales, allongées ou lancéolées, obtuses, pubescentes; pédoncules plus courts que les feuilles, aristés, à une, deux fleurs; gousse plane, orbiculaire, glabre, conte-

nant deux graines orbiculaires, comprimées ;
fleurs blanchâtres.

Genre *Faba*. Calice tubuleux à cinq dents,
dont deux supérieures plus courtes ; étamines
diadelphes ; gousse grande, polysperme, à valves charnues, épaisses et comme spongieuses.
— Feuilles ailées sans impaire ni vrilles.

Faba vulgaris, Mœnch. *Vicia faba*, L. Fève
de marais. — Tige dressée, haute de deux pieds,
glabre, grosse ; feuilles ailées sans impaire, terminées par une petite languette foliacée, glauque,
ainsi que toute la plante, sans vrilles ; quatre folioles alternes, grandes, entières, marquées de
nervures, ovales, souvent mucronées ; stipules
semi-sagittées, presque entières ; deux, cinq fleurs
axillaires, à peu près sessiles, grandes ; gousse
pubescente ; graines oblongues, grosses, comprimées ; fleur d'un blanc mêlé de noir.

La farine provenant des légumineuses dont
nous venons de donner la description et les caractères botaniques, n'est pas susceptible de le-
ver et de se transformer en pain ; elles contiennent seulement la fécule en plus ou moins
grande quantité, pure ou combinée avec des
matières sucrées, gommeuses ou aromatiques,
presque toutes employées comme aliment ; on les

prépare seulement avec de l'eau ; après les avoir
fait bouillir, on les mélange avec des corps gras ;
on y ajoute des assaisonnemens, et les proportions de la fécule amilacée qu'elles contiennent
varient beaucoup ; car, dans les semences du
haricot, sur trois mille huit cents parties de farine, il y en a treize cent quatre-vingts d'amidon ;
dans celle des pois secs, car elle y succède au
sucre par la maturité, il y en a, sur la même
quantité, douze cent soixante-cinq ; celle des
lentilles est absolument égale à celle-ci ; enfin
celle des fèves en renferme treize cent douze
parties ; aussi les emploie-t-on rarement pour
faire le pain : elles le rendent lourd, compacte,
très difficile à digérer, quoique mélangées avec
la farine de froment. Cependant on les mange en
purées, dans les potages, la soupe, délayées avec
de l'eau seulement, et diversement assaisonnées ;
avec la farine des fèves étendue dans l'eau et
cuite, on fait de la colle pour les châssis ; mais
toutes ces légumineuses se consomment le plus
souvent en vert et avant qu'elles ne soient parvenues à l'état de maturité, et encore de cette manière
elles sont très difficiles à digérer. Les fèves desséchées se donnent aux chevaux ; les hommes n'y
ont guère recours que dans les temps de disette

et de pénurie extrême. La farine provenant des haricots, et que par cupidité les marchands mélangent assez souvent avec celle du froment, n'en détruit pas la partie glutineuse; mais si on en ajoute trop, un tiers, par exemple, la pâte se fait mal et le pain est mat, pesant, extrêmement difficile à digérer : ce mélange devrait être sévèrement poursuivi par les lois.

Depuis quelque temps, on trouve dans les magasins de comestibles des farines de légumes secs propres à faire de la purée et des potages à l'instant même; ces farines, préparées avec les haricots, les pois, les petits pois, les lentilles, l'orge, sous le nom de *gruau de Bretagne*, de *gruau anglais*, etc., pourraient présenter quelques avantages réels sous le rapport de l'économie domestique; mais la plus grande partie sont altérées au bout d'un certain temps, parce qu'elles ne sont pas conservées avec toutes les précautions qu'elles exigent, et surtout hors l'influence de l'humidité atmosphérique; dans ce cas, il serait préférable d'avoir recours aux graines, qui se gardent beaucoup mieux. Quant à l'arrow-root de l'Inde, au salep de Perse, à la crème de riz, à la farine de gruau de Bretagne, à la fécule de pommes de terre purifiée, nous ne voyons guère en quoi cette dernière surtout pourrait différer de celle dont nous avons parlé; et si nous faisons mention ici de ces farines, ce n'est que pour détromper ceux qui pourraient croire que leurs dénominations les rendent meilleures; mais il n'en est rien. (*Voyez* chacun des articles qui les concernent dans le cours de l'ouvrage.)

§. XIV. *Le Marronnier d'Inde.*

MARRONNIER. *Æsculus hypocastanum*, L. Heptandrie monogynie, L. Famille des hypocastanées, J. Calice campanulé à cinq lobes; corolle irrégulière de quatre à cinq pétales hypogynes; sept à huit étamines, libres, inégales, insérées sur un disque hypogyne; ovaire à trois lobes, un style aigu, une capsule à trois loges, dont une ou deux avortent souvent; trois valves; loge à deux graines ordinairement; arbre à feuilles opposées; quatre à cinq pétales à limbe oval, filets des étamines recourbés en dedans, capsule épineuse.

Genre ÆSCULUS HYPOCASTANUM. Arbre très élevé; feuilles digitées, composées de cinq à sept folioles ovales renversées, à dents irrégulières, terminées par un prolongement pointu, et garnies en dessous de petits paquets laineux; fleurs

en grappes redressées et coniques portées sur
des pédoncules pubescens ; fleurs blanches mêlées
de rouge, à pétales rétrécis à la base ; le fruit est
une grosse capsule coriace, globuleuse, hérissée
de piquans, et contenant une à quatre graines,
généralement connues sous le nom de *marrons
d'Inde.*

D'après les expériences de Parmentier sur les
produits des céréales, et plus particulièrement
encore sur la fécule amilacée que l'on peut tirer
du fruit des solanées, et surtout de *l'æsculus hypocastanum,* marron d'Inde, nous ne craindrons pas ici d'entrer dans quelques détails sur
les procédés particuliers que l'on a proposés il y
a quelques années pour en extraire l'amidon.
Nous chercherons à faire revivre l'opinion qu'il
a consignée dans ses écrits, « Qu'un jour des
« hommes animés de l'esprit public, et ayant
« des marrons d'Inde assez abondamment à leur
« disposition, trouveraient des procédés pour
« donner à ce fruit une destination vraiment
« utile à la société ; c'est dans les temps d'abon-
« dance, selon lui, qu'il faudrait s'en occuper.
« L'homme aux prises avec le besoin est inca-
« pable d'aucune recherche heureuse ; n'atten-
« dons jamais, disait-il, à sentir le prix de ce

« qui nous manque, et qu'il soit impossible de
« se le procurer. »

Aussi c'est pourquoi M. Vergnaud-Romagnési
s'est attaché particulièrement à extraire, avec le
moins de frais possible, l'amidon des marrons
d'Inde, que la nature offre en si grande quantité dans les années abondantes, et qui sont entièrement perdus.

Originaire de l'Asie septentrionale, le marronnier d'Inde fut apporté en France vers 1656,
comme le constate l'inscription placée sur une
coupe du second marronnier cultivé au Muséum d'Histoire naturelle à Paris, conçue en ces
termes : « Il fut planté au Jardin du Roi en
« 1656, et il est mort en 1767; il a vécu cent
« onze ans. » Parfaitement naturalisé, maintenant il croît et devient très fort dans presque
tous les terrains; il est même l'ornement d'un
grand nombre de promenades ou de jardins, et
si les fruits qu'il fournit en abondance pouvaient
devenir plus utiles qu'ils ne l'ont été jusqu'à présent, il n'y aurait pas de doute qu'il ne fût préféré, dans plusieurs circonstances, à beaucoup
d'autres arbres dont on borde les terres placées
sur les bords des grandes routes. On a fait beaucoup d'essais pour tirer un parti avantageux du

bois, de l'écorce, des feuilles et des fruits du marronnier ; les uns l'ont trop vanté, les autres ont cherché à le déprécier ; il y a eu de part et d'autre exagération. Quoi qu'il en soit, le bois du marronnier diffère peu des bois de sapin, de tilleul, de peuplier et même de celui du platane. Dans tous les lieux à l'abri de l'humidité, il se conserve beaucoup mieux ; les vers l'attaquent beaucoup moins actuellement. Il est recherché des sculpteurs, des menuisiers, des ébénistes ; les sabotiers le mettent en œuvre comme le frêne et l'orme, mais ils lui préfèrent le bois de noyer. Cependant, pour faire des sabots aussi légers que durables, ils ont souvent recours au marronnier.

On a dit que la chute de ses feuilles, dès l'apparition des brouillards et des premières matinées fraîches, annonçait trop tôt le retour de l'hiver ; mais elles paraissent aussi aux premiers rayons du soleil ; et si elles ne servent pas à la nourriture des animaux, on peut certainement bien les employer comme litière. Enfin, en les brûlant pour en lessiver les cendres, et les répandre ensuite sur les prairies, on active singulièrement leur végétation. On a essayé à Lyon de faire bouillir les feuilles du marronnier, et

l'eau s'est trouvée chargée d'une matière mucilagineuse propre à confectionner l'apprêt dans
le feutrage des chapeaux.

C'est en multipliant les tentatives et les essais
pour tirer grand parti des marrons, qu'on les a
donnés aux cochons, aux chiens; mais cela n'a
pas réussi, malgré qu'on avait la preuve que
les cerfs, les biches, les chevreuils et les san-
gliers les mangeaient au pied des arbres. Les
bœufs engraissés avec les marrons coupés ont
assez bien réussi; les vaches à qui l'on en a donné
pour nourriture ont fourni du lait sans aucun
indice d'amertume ou d'âpreté; les moutons les
mangent mieux au-dehors que dans l'intérieur
de l'étable, et il ne faut pas leur en laisser trop
manger, car ils engraisseraient trop vite.

Pour diminuer l'âcreté et l'amertume des marrons, on a essayé de les enfermer dans des tonneaux pour les y exposer ensuite au courant de
l'eau; ils y perdirent au bout de quelque temps
toute leur saveur acerbe, et l'on put les donner
aux cochons. Si on les coupe, et qu'on les laisse
macérer pendant huit jours dans l'eau chargée
d'un alcali, on peut ensuite en nourrir les volailles.

Desséchés et pulvérisés, on peut avec les mar-

rons faire de la colle qui approche beaucoup de
la colle de pâte ; les relieurs, les fabricans de
carton, les colleurs de papier de tenture, pourraient même l'employer avec avantage. Enfin, on
avait prétendu, qu'à cause de son amertume,
elle servirait encore à préserver les livres de la
piqûre des insectes. Mais il n'en est rien, car,
au bout de quelque temps, elle est absolument
dénuée de tout principe âcre et amer; il en est
de même de l'aloès, de la coloquinte ou de toute
autre substance analogue : il n'est guère que le
sublimé corrosif ou l'arsenic qui pourraient remplir ce but; la colle de marron ne servirait qu'à
remplacer celle de pâte, qu'elle offrirait encore
un avantage assez grand.

La fécule amilacée que contient le marron
d'Inde, traitée par l'acide sulfurique comme
celle de la pomme de terre, donne aussi une
matière sucrée susceptible de fermenter, et par
la distillation on en retire de l'alcool ; mais, outre
que sa quantité est bien éloignée d'être susceptible de mériter qu'on la recherche, par la dégustation il est d'une saveur tellement âpre qu'il
n'est pas supportable.

Broyée et mise dans l'eau, soumise à une
ébullition un peu long-temps continuée, la pou-

dre du marron a été employée pour blanchir le linge ; mais cet essai n'a pas réussi, il est resté terne et jaunâtre, sans jamais arriver au blanc obtenu avec la potasse ; il était outre cela d'une odeur nauséabonde insupportable. Cependant il est prouvé, par expérience, que vingt-cinq kil. de la cendre provenant de la combustion des marrons, peuvent donner trente-cinq livres de potasse assez bonne. Enfin, la bougie confectionnée avec le marron d'Inde, n'est autre chose que de la chandelle fabriquée avec le suif de mouton ou autre, dont la dépuration s'est faite par le moyen de sa pulpe, qui contient une très petite quantité de substance grasse et huileuse.

Il suffit d'enlever l'écorce des marrons, de les faire ensuite dessécher au four ou de toute autre manière, pour les piler, et les réduire en poudre fine après les avoir passés au tamis de soie assez fin pour obtenir, en les mêlant en petite quantité avec de l'eau, une pâte absolument semblable à celle que les parfumeurs vendent sous le nom de pâte d'amande, et dont ils font un assez grand débit, pour laver et adoucir les mains ; elle sert même très souvent à remplacer celle-ci ou tout au moins à la falsifier, car il n'est rien que la cupidité et l'amour du gain ne cherche encore à détériorer.

Enfin, M. Parmentier conseille de traiter le marron d'Inde à l'instar du manioc, dont on retire cette cassave si saine, et qui se trouve jointe dans la racine à un poison si violent. Après avoir râpé des marrons récens, dépouillés de leur écorce et de leur membrane intérieure, je les ai réduits, dit-il, en une pâte molle, et je les ai enfermés dans un sac de toile serrée. Je les ai soumis à la presse, il en est sorti un suc visqueux, épais, d'un blanc jaunâtre et d'une amertume insupportable; le marc était blanc et très sec. Je l'ai délayé dans l'eau en le divisant le plus possible.

La liqueur laiteuse passée à travers un tamis de crin très serré, a été reçue dans un vase plein d'eau; j'ai obtenu enfin, par des lotions et la décantation, une fécule douce au toucher, et qui desséchée à une chaleur modérée était *peu abondante*, blanche, sans saveur, avec tous les caractères d'un véritable amidon, tandis que la partie fibreuse, même desséchée, conservait un *goût amer insupportable*, et tel que douze à quinze grains de sa poudre suffiraient pour la communiquer à une livre de farine de froment.

Pour panifier cet amidon, j'en ai mêlé quatre onces avec autant de pommes de terre cuites à l'eau ; j'en ai formé une pâte avec une quantité relative de levain de farine de froment : ce pain était passable, mais fade ; un peu de sel était indispensable. En mêlant cette fécule amilacée du marron avec du beurre, des œufs, de l'écorce de citron, et un peu de levure de bière, elle a servi à faire des gâteaux que l'on assure avoir été assez agréables au goût.

Enfin, l'amidon du marron d'Inde, malgré le peu qu'on en tire, serait précieux dans les temps de disette, et peut être employé aux mêmes usages que tous les autres amidons.

D'après M. Vergnaud-Romagnési, l'opération par laquelle on sépare l'amidon du marron est à peu près la même que celle qu'on emploie généralement pour la pomme de terre.... Ainsi l'on prend des marrons d'Inde pilés ; dans le cas contraire, la fécule est moins blanche : on les râpe avec un instrument semblable à celui qui sert à réduire la pomme de terre en pâte, on laisse tomber le marc de marron, très jaune, et tellement onctueux qu'en le pétrissant il forme une masse, dans un tamis de crin très serré, ou dans un tamis de soie un peu clair, et placé dans de l'eau aiguisée avec de l'acide sulfurique contenue dans un baquet. On agite en tous sens, et on divise le plus possible la pulpe de marron dans le tamis ; la fécule se précipite promptement. Le tamis est enlevé au bout d'un quart d'heure et placé sur un second baquet dans de l'eau acidulée ; l'on agite de nouveau le marc, il se précipite encore un peu de fécule, on retire le tamis, et l'on exprime du marc le plus d'eau possible.

Il ne doit avoir aucun goût désagréable ; s'il en conservait, et qu'on voulût l'employer pour la nourriture des animaux qui l'aiment beaucoup, il faudrait le laver deux ou trois fois dans l'eau pure pour lui enlever ce qu'il peut conserver d'acidité ; on le laisse ensuite bien égoutter, puis on l'étend dans un lieu aéré pour le faire sécher ; en cet état il se conserve aisément d'une année à l'autre.

Quant à l'amidon qui est précipité au fond du premier baquet, on décante après une heure de repos, et avec précaution, l'eau qui le couvre ; il se trouve au fond du baquet, et présente une masse assez solide ; l'on agite alors fortement l'eau du second baquet pour y tenir

en suspension ce qu'elle contient de fécule, et
on la jette dans le premier baquet; ce second
produit est mêlé, battu et agité avec le premier,
de manière que toute la fécule soit en suspension dans l'eau. Au bout de deux heures de
repos, le liquide doit être décanté avec soin
jusqu'à ce que la fécule soit à nud au fond du
vase, alors on jette de l'eau pure en même
quantité que celle employée dans le premier
lavage, l'on brasse de nouveau la fécule et
l'eau, et l'on décante de même au bout de deux
heures. On jette pour la deuxième fois de l'eau
pure sur la fécule, on la brasse, on la décante.
Assez ordinairement ces deux lavages suffisent,
et la fécule est sans saveur désagréable et bien
blanche; s'il en était autrement, il faudrait la
laver à l'eau pure une troisième fois, et avec les
mêmes soins.

L'amidon ainsi lavé ne laisse aucune saveur
désagréable; on en enlève la superficie, qui est
presque toujours grisâtre, on la met de côté pour
divers usages; elle est, ainsi que la fécule blanche, placée pour sécher sur des claies couvertes
de papier ou d'un linge; dès qu'elle est privée
de toute humidité, elle est passée au tamis de
soie; en cet état, elle convient comme aliment,

comme empois, et si on voulait la convertir en matière syrupeuse et sucrée, pour la mettre en fermentation et en obtenir de l'alcool, il serait inutile de séparer celle qui est grise d'avec la blanche, comme de la faire dessécher.

Il est difficile de préciser la quantité d'eau qui doit être employée dans les lavages, de même que d'indiquer au juste le degré d'acidité qu'il faut donner aux deux premiers lavages; cela doit être calculé sur la nature des marrons, qui sont plus ou moins gras, plus ou moins chargés de fécule, suivant le terrain qui les a produits: généralement l'on doit employer assez d'eau dans le premier lavage, surtout pour qu'elle ne devienne pas onctueuse au toucher, car alors la fécule se précipite difficilement; il n'y a, du reste, jamais de danger à employer l'eau en excès.

Quant à l'acidité, il est indispensable que l'eau des deux premiers lavages soit assez aiguisée pour qu'elle se fasse sentir au palais par la dégustation. La préparation qui réussit le mieux pour les marrons les moins huileux, est une partie d'acide sulfurique concentrée sur quatre cents parties d'eau; et pour les marrons les plus onctueux, une partie d'acide sur trois cents parties d'eau : on peut mettre sans inconvénient une partie d'acide sur deux cents parties d'eau, cela ne peut pas être nuisible aux produits ; cela ne devient qu'un peu plus coûteux.

On a constamment obtenu, en suivant ces procédés, de l'amidon très pur et sans saveur autre que celle qui se trouve inhérente à cette substance ; la pulpe du marron était aussi sans saveur désagréable, et l'un et l'autre, placés dans un lieu à l'abri de l'humidité et de la lumière, se sont parfaitement conservés pendant deux ans. Il a été opéré sur la pomme de terre avec l'eau pure, et sur le marron avec l'eau acidulée, et le terme moyen de vingt-cinq opérations répétées deux années de suite, sur les deux fruits récens, a donné onze pour cent de différence du produit en fécule en faveur du marron ; car les plus récens, ceux qui étaient dans les conditions les plus avantageuses, ont donné une belle fécule jusqu'à trente pour cent de leur poids brut, et les pommes de terre les meilleures n'en ont donné que vingt à vingt-deux pour cent de leur poids brut également.

Le marron offrirait même des avantages en ce qu'on peut le dessécher facilement et le conserver pendant plusieurs années de suite ; il ne faut que l'entasser dans un grenier et le remuer de temps en temps, et, pour le travailler dans cet état, il suffit de le concasser pour enlever son écorce; ensuite on le fait macérer dans l'eau pendant quarante-huit heures pour continuer comme il vient d'être dit. On peut encore les concasser, les vanner, puis les moudre avec un moulin à noix en fer inventé par *Péquentin-Guignet*; et la farine qu'on en obtient se traite comme si la pâte était récente. L'amidon qu'on en retire est un peu moins abondant et moins blanc que celui qui provient des fruits récens, mais il n'est pas moins propre aux usages auxquels on le destine.

M. Vergnaud assure que l'amidon tiré du marron d'Inde, ayant été employé aux différens usages de la vie, dans des potages, en gâteau, dans le pain, même après avoir été mêlé à de la farine de froment, dans les mêmes proportions que la fécule de pomme de terre, a été trouvé bon et nullement malfaisant. Converti en sirop par l'acide sulfurique, pour en obtenir l'alcool, son produit est absolument semblable à celui de la fécule de pomme de terre : dans ce cas, les marrons devenant plus communs, pourraient remplacer cette dernière; et l'on ne priverait plus la classe indigente de la ressource des pommes de terre dans les années où leur distillation offre des avantages à défaut du vin.

Pour le parement que l'on fait avec la fécule de pomme de terre et qui se compose d'une livre de celle-ci et de dix gros de gomme arabique cuits à petit feu et en remuant sans cesse dans quatre pintes d'eau soumise à une ébullition continue pendant huit à dix minutes, pour y ajouter, suivant que l'atmosphère est plus ou moins sèche, depuis six gros jusqu'à une once d'hydrochlorate de chaux, la fécule des marrons extraite d'un fruit abondant en alcali convient parfaitement à cette composition, pour peu qu'on lui rende une partie de celui qui lui a été enlevé pendant sa préparation en le développant pendant sa cuisson. Pour cela on prend une demi-livre de fécule de marron, deux onces de farine de froment, une once de gomme qu'on peut même supprimer; on délaie le tout dans suffisante quantité d'eau provenant du quatrième lavage, pour le faire cuire ensuite à petit feu, et avec le plus grand soin; ce parement est aussi onctueux qu'il est propre à s'étendre facilement, sans aspérités sur tous les tissus; il conserve même, dans les endroits exposés à l'air, une

souplesse convenable : de la batiste écrue travaillée par ce moyen, lorsqu'elle a été soumise au blanchiment, est devenue également du
plus beau blanc sur toute l'étendue des fils qui
en avaient été imprégnés.

Avec l'amidon du marron d'Inde et ses eaux
de lavage, on vient de préparer un papier à dé-
calquer pour l'autographie, bien meilleur que
celui qu'on fabrique avec la colle de Flandre,
l'amidon du blé ou la gomme arabique ; il réussit
très bien, il transporte parfaitement l'encre, qui
s'en détache totalement et s'attache tellement à
la pierre qu'on peut la laver à grande eau de
suite après le transport ; quelle que puisse être la
pression exercée sur ce papier, il n'est pas susceptible de glisser, et pourvu qu'on le tienne à
l'abri de l'humidité, on peut le conserver très
long-temps.

Tels sont les procédés à suivre pour extraire la
fécule amilacée contenue dans le marron d'Inde,
publiés il y a quatre ans par M. Vergnaud-Romagnési. Nous n'avons pas craint de les extraire
du mémoire qu'il a publié à ce sujet, et qui se
trouve à la librairie des Manuels, chez Roret,
dans la rue Hautefeuille.

N'oublions pas de dire qu'on regarde en médecine le marronnier d'Inde comme un tonique amer, fébrifuge; l'on prend en infusion l'écorce des jeunes arbres à la dose depuis une jusqu'à deux onces pour deux livres d'eau; sa poudre, depuis deux jusqu'à quatre gros, délayée en plusieurs prises; son extrait, depuis dix-huit grains jusqu'à un gros en bols et en pilules; son infusion vineuse, depuis une jusqu'à trois onces en substance: l'écorce contient une substance colorante en rouge qui, associée avec un acide, forme un espèce de *tannin* auquel le marronnier doit sa vertu fébrifuge, et qui approche beaucoup du quinquina.

§. XV. *Le Châtaignier.*

CHATAIGNIER. *Castanea vulgaris.* Les châtaigniers portent des fleurs mâles et femelles sur le même pied, mais séparées de manière que les mâles sont groupés sur des chatons menus, longs et linéaires, tandis que les femelles, qui sortent des mêmes boutons que les mâles, ne font point partie de ces chatons, mais se trouvent souvent à leur base.

Chaque fleur mâle est formée d'un calice à cinq divisions ouvertes en étoile, et d'environ dix étamines, dont les filamens, de la longueur du calice, portent des anthères oblongues; chaque fleur femelle consiste en un calice monophylle, à quatre ou six divisions pointues, et en un ovaire qui fait corps avec la base du calice et qui est surmonté de trois styles, dont les stigmates sont simples.

Le fruit est une coque ou une espèce de capsule arrondie, hérissée extérieurement de pointes plus ou moins piquantes, uniloculaire, qui s'ouvre en deux ou en quatre parties et qui renferme une à trois grosses semences : ces semences sont ovales, arrondies, aplaties d'un côté, convexes de l'autre, un peu pointues à leur sommet, élargies à leur base, et consistent en une amande à chair blanche et ferme, recouverte d'une peau lisse et coriace. Comme c'est à cause de la fécule amilacée qu'il contient, que dans quelques provinces le fruit du châtaignier nourrit une partie de l'année les hommes et plusieurs espèces d'animaux, surtout dans les montagnes, où l'on vit presque tout l'hiver de ce fruit, nous avons cru qu'il ne serait pas déplacé dans ce traité de l'amidon de donner la manière de les préparer pour en faire du pain, soit avec de l'eau, soit avec du lait, d'en manger en bouillie (*chatigna*). Cet arbre croît en Italie, dans la Suisse et dans beaucoup de provinces de la France, surtout dans les lieux montagneux. Il y en avait autrefois des forêts entières, et dans les différens auteurs qui en ont parlé on trouve même la manière d'en extraire du sucre par le procédé suivant : les châtaignes desséchées par les moyens que nous allons indiquer tout à l'heure, on les triture grossièrement, on les place ensuite dans une chaudière un peu profonde, à laquelle se trouve adapté un robinet à sa partie la plus basse; on les baigne avec de l'eau, de manière à les en couvrir, et on les y laisse tremper pendant six heures au moins et huit heures de suite au plus. Pour renouveler ensuite la première eau, que l'on fait bouillir et évaporer, lorsqu'elle est réduite, on la verse dans des terrines plates où la matière sucrée ne tarde pas à se cristalliser, et l'on répète sur la même quantité de châtaignes deux ou trois fois la même opération.

Les châtaignes ainsi dépouillées de la substance mucoso-sucrée qu'elles contenaient, sont enfermées dans des sacs de toile ou de crin pour les mettre en presse et en extraire tout ce qu'elles pourraient encore conserver de fluide à l'intérieur; on les expose ensuite au soleil ou dans une étuve pour achever de les dessécher, les moudre et les laver à grande eau plusieurs fois de suite, afin d'en séparer toute la fécule amilacée dont elles sont encore pourvues. On assure même que cinquante kilogrammes de farine ainsi préparée donnent trente-trois kilogrammes d'amidon, et que le reste se partage en dix kilogrammes de liqueur très sucrée et sept kilogrammes et demi de sucre en poudre semblable à la cassonade ordinaire, suivant que les châtaignes sont venues par un temps favorable, et qu'elles ont été plus ou moins bien soignées dans les procédés que nous allons donner pour les conserver.

Conservation et cuisson des châtaignes.

Partout où l'on a été forcé d'avoir recours aux châtaignes, sous le rapport des approvisionnemens utiles ou de première nécessité, pour servir de nourriture habituelle à un grand nombre d'individus, on a dû rechercher non seulement les moyens de les conserver avec le moins de frais possible, mais encore ceux de les préparer de manière à les rendre inaltérables, afin de ne pas consommer en très peu de temps, après la récolte, la provision d'une ou de plu-

sieurs années. Ainsi, après les avoir placées
fraîches, *en vert*, dans un endroit sec, on les a
recouvertes avec des substances considérées
comme susceptibles d'en absorber toute l'humidité, et les tenir en même temps à l'abri de
l'influence des alternatives du froid et de la chaleur; mais l'on a été bientôt forcé d'abandonner
ce procédé, car au bout de six mois au plus,
surtout lorsqu'elles étaient amoncelées en grande
quantité, les châtaignes avaient subi des altérations qui ne pouvaient plus permettre de continuer à s'en servir comme substance alimentaire;
on a dû par conséquent recourir à leur dessiccation plus ou moins prompte au moyen de la
chaleur du four. Mais ici on a encore rencontré
des obstacles, soit dans ses variations en plus
ou en moins, soit dans le temps qu'on devait les
y laisser séjourner. Pour ne pas éprouver de
changemens trop grands ou des altérations trop
marquées dans leur substance farineuse et amilacée, il a fallu aussi connaître qu'elles devaient
subir graduellement la chaleur pour faciliter
l'évaporation complète de leur eau de végétation; enfin, qu'en desséchant trop brusquement
la pellicule qui les recouvre, on ne pourrait jamais parvenir à en tirer un parti convenable;

c'est pourquoi l'on a imaginé d'établir des séchoirs pour arriver d'une manière certaine à
rendre les châtaignes durables et susceptibles de
pouvoir servir à l'alimentation pendant un temps
plus ou moins prolongé.

Des séchoirs.

Les séchoirs, encore désignés sous le nom de
claies, doivent toujours être isolés des bâtimens,
crainte de l'incendie, et placés de manière à éviter l'impétuosité des vents; ils varient de grandeur, de largeur et de capacité, suivant le besoin
et la quantité de châtaignes que l'on peut avoir
à sécher après la récolte. Leurs dimensions les
plus ordinaires sont de quinze pieds de long et
autant de large sur une hauteur de dix-huit
pieds; dans leur intérieur on établit, à neuf
pieds au-dessus du sol, une claie ou grille ap-
puyée sur des traverses parallèles, placées à la
distance de deux pieds les unes des autres. Ces
traverses, aplaties en dessus, doivent être évi-
dées et arrondies en dessous; elles servent à en
supporter d'autres faites en bois mince, uni,
entre lesquelles on laisse un intervalle de
quatre, cinq ou six lignes au plus, pour permettre à la fumée de les traverser facilement et

pénétrer toute la masse des châtaignes qu'elles ont à supporter. Cette disposition permet encore de les retourner sans peine, comme de nettoyer la suie noirâtre qui s'attache en dessous dans les angles; on réserve un carré plus ou moins grand sans être cloué, parce qu'en le soulevant on pratique une ouverture par laquelle on fait tomber les châtaignes desséchées lorsqu'on veut en mettre de nouvelles. Les murs latéraux, au rez-de-chaussée, sont percés d'une porte vis-à-vis laquelle se trouve une ouverture d'un pied de haut sur six pouces de large, pour y laisser pénétrer la lumière, établir un courant d'air, et entretenir par son moyen depuis le dehors, sans être obligé d'ouvrir la porte, les matières combustibles avec lesquelles on doit alimenter le feu. Au niveau du plancher supérieur on pratique une autre porte à laquelle on monte par un escalier appuyé sur le mur latéral, près duquel se trouve une fenêtre assez large pour verser des châtaignes nouvelles lorsqu'il en est besoin, et sans être obligé de rien ouvrir. Dans les autres murs latéraux se trouvent des ouvertures de quinze pouces de haut sur huit de large, et par-dessus celles-ci une troisième plus élevée de deux ou trois pieds, pour faciliter par les

courans d'air l'ascension et la sortie de la fumée.
Près du toit on peut encore en pratiquer d'autres ; enfin, les planches dont on fait la couver-
ture de cette espèce de hangar, percées de deux
lucarnes pratiquées sur les côtés, sont posées les
unes sur les autres, de façon que sur leur longueur elles soient à une distance convenable,
pour permettre à la fumée de passer continuellement sans craindre que l'eau, pendant les
pluies qui pourraient survenir, ne puisse pénétrer dans l'intérieur.

Manière de sécher les châtaignes.

Dans la manière de diriger et de faire le feu
pour dessécher convenablement les châtaignes,
il faut apporter les plus grands soins ; il est
utile, d'abord, de nettoyer aussi bien qu'il est
possible la claie en dessus et en desssous ; il est
même à propos de répéter cette opération tous
les jours où il est besoin d'entretenir le feu.
Après avoir placé les châtaignes sur toute la
superficie des traverses, après en avoir fait une
couche plus ou moins épaisse, en y versant cinq
à six sacs à la première fois, on place un fourneau en fer dans le milieu du rez-de-chaussée,
pour y allumer le feu d'abord avec toutes les

écorces qu'on a pu ramasser l'année auparavant, ensuite avec des morceaux de bois de châtaignier un peu verts, de manière à ce qu'il ne discontinue pas nuit et jour. La fumée, en passant à travers les interstices de la claie, et la chaleur douce et continuée qui pénètre peu à peu les châtaignes, ne tardent pas à les faire transsuder; enfin, au bout de quinze jours, pour peu qu'on augmente l'action du feu, elles arrivent très facilement à la dessiccation la plus complète.

Mais tout le succès de cette opération dépend essentiellement de la manière de diriger l'action du feu, surtout en commençant; si on le fait trop vif, il contracte et resserre tellement la pellicule des châtaignes, qu'il est impossible à l'eau qu'elles renferment de se vaporiser. Ensuite l'humidité qui se développe dans l'intérieur en fait moisir la substance farineuse; elle contracte alors un goût aussi détestable qu'il est repoussant. La première transsudation achevée, on remue la masse entière avec une pelle pour placer, autant qu'il est possible, celle du dessous par-dessus : manœuvre qu'il faut répéter tous les deux ou trois jours, en continuant toujours le même degré de température et la même épaisseur de fumée. Jamais la couche des châtaignes ne doit dépasser douze ou dix-huit pouces au plus, parce que celles qui sont à la superficie ne dessécheraient pas aussi promptement que celles du dessous; il serait même plus à propos d'en partager la récolte entière plutôt que d'essayer à la dessécher en une seule fois; ou mieux encore, on pourrait la mélanger par couches successives, en plaçant toujours en dessous celles qu'on y apporte vertes. Enfin, pour reconnaître si leur dessiccation est totalement terminée, on en prend quelques unes au hasard dans le tas, et l'on essaie d'en rompre la pellicule, qui doit être assez friable pour rompre à la première pression exercée avec les doigts. La substance qu'elle contient, placée sous la dent, doit laisser éprouver une certaine résistance, et céder très peu aux efforts que l'on fait pour la rompre avec les doigts : dans cet état, elles sont convenablement desséchées. Dans tous les lieux où il n'est pas possible de bâtir des séchoirs en grand, on y supplée par des mannes ou paniers en osier, longs et aplatis, faits à claire-voie, pour suspendre les châtaignes dans l'intérieur des cheminées assez grandes, afin que par le foyer

commun l'on puisse exercer sur elles les mêmes
effets, et les dessécher ensuite comme nous
venons de l'exposer ici.

Manière d'enlever les pellicules des Châtaignes desséchées.

Lorsqu'on a acquis la certitude que les châtaignes sont parfaitement desséchées, on arrête
le feu, on ferme toutes les ouvertures du séchoir ;
on soulève le carré de la grille, qui a dû rester
mobile puisqu'il n'est pas cloué, et l'on en fait
tomber une partie dans l'angle du rez-de-chaussée. Pour qu'elles puissent encore conserver leur
chaleur, on les laisse amoncelées : ceux qui les
gardent avec leur écorce les laissent refroidir et
les emportent à mesure ; mais il vaut beaucoup
mieux l'enlever par des percussions plus ou
moins répétées, et suivant le besoin. Pour cela
on en remplit un sac de toile grise, de quatre
pieds de long sur dix-huit pouces de large,
qu'on a auparavant trempé dans une forte décoction de son pour lui conserver sa souplesse
et l'empêcher de se déchirer. Deux hommes le
prennent ensuite par ses extrémités pour le
frapper à plusieurs reprises, et avec force, sur
un billot de châtaignier dressé pour cet objet

dans l'intérieur du séchoir ; et lorsqu'ils jugent
que les châtaignes sont bien nettoyées, ils les
vident hors du sac pour les mettre dans un endroit particulier, les vanner, séparer celles qui
sont entières d'avec celles qui ont pu se briser
ou qui conserveraient encore une partie de leur
écorce. On multiplie ces moyens d'opérer en raison de la quantité de châtaignes, et de manière
que le tout soit entièrement terminé en une ou
deux journées ; enfin, il ne faut pas oublier que
tout ce qu'il est possible de rassembler des pellicules desséchées doit être conservé très soigneu-
sement dans un endroit sec, pour servir à faire
suer les châtaignes de la récolte suivante. Cependant, beaucoup de personnes mettent les châtaignes dans un sac taillé en forme de pain de
sucre, et susceptible d'en contenir à peu près
un boisseau, qu'elles frappent ensuite sur quelque
chose de très dur, jusqu'à ce qu'elles soient
nettes et entièrement dépouillées. Cette manière,
quoique plus lente, est absolument la même que
la précédente.

Quoi qu'il en soit, par la méthode que nous
venons de décrire on conserve les châtaignes
parfaitement sèches et excellentes à manger, non
seulement pendant l'hiver, et d'une année à

l'autre, mais encore pendant plusieurs années de suite ; leur substance farineuse est d'un blanc jaunâtre ; elles restent constamment fermes ; elles acquièrent par la cuisson un goût sucré et très agréable ; on croirait qu'elles sont fraîches, quoique desséchées ; on peut encore les manger crues, pourvu qu'on les conserve pendant quelques minutes dans la bouche, et que par la plus légère pression, sans qu'il soit même nécessaire de les broyer avec les dents, elles s'amollissent et s'écrasent sans avoir besoin de les mâcher, et comme si on les eût fait cuire d'avance.

Tandis que si on y apporte la moindre négligence, non seulement elles sont sujettes à se gâter, à se moisir plus ou moins promptement, mais encore elles deviennent noires, molles, ridées en les cuisant ; et si on les mange, elles portent avec elles une saveur plus ou moins styptique, une odeur d'empyreume plus ou moins fortement prononcée qui s'y est attachée pendant la dessiccation, et qui est particulière à l'acide pyro-ligneux, inhérent à la fumée dans la combustion ; ce qui n'arrive pas si on leur enlève leur écorce, et en suivant de point en point les procédés que nous venons d'indiquer.

Manière de préparer les châtaignes pour servir de nourriture.

Souvent on se contente de conserver les châtaignes dans l'état où elles sont après être sorties du séchoir ; souvent aussi elles sont concassées plus ou moins grossièrement, soit en les pilant dans un mortier, soit de toute autre manière ; enfin, on les réduit en farine en les broyant au moulin. Mais dans ce dernier état il faut toujours l'enfermer dans de grands vases, que l'on garde bien bouchés dans un lieu aéré et surtout à l'abri de toute espèce d'humidité, car plus la farine des châtaignes est blanche, plus elle devient douce et agréable à manger, mais aussi moins elle est susceptible d'être conservée pendant quelque temps ; une année suffit pour la détériorer au point qu'on a de la peine à la reconnaître. Celle qui est grisâtre, au contraire, peut très facilement être gardée pendant plusieurs années de suite ; cette prolongation ne doit être même attribuée qu'à l'espèce de détérioration qu'éprouve la substance farineuse que les châtaignes renferment et qui a pu être entièrement changée, si elle n'a pas été détruite par leur dessiccation poussée un peu trop loin.

Quoi qu'il en soit, pour s'en servir comme aliment, on délaie ou humecte la farine des châtaignes avec une très petite quantité d'eau, on la pétrit, et l'on en fait des espèces de galettes que l'on met cuire ensuite sur des plaques de tôle un peu chaudes. Les Corses ajoutent même à cette pâte un peu de levain; mais la fermentation qui en résulte n'est pas suffisante pour rendre le pain qu'ils en confectionnent plus léger et plus facile à digérer, quoique détrempé avec quelque liquide il puisse mitonner et prendre plus de volume; mais quelle que puisse être la méthode qu'ils mettent en usage pour rendre ces préparations plus agréables au goût, elles sont encore bien éloignées d'avoir la sapidité des châtaignes mangées fraîches (en vert) ou desséchées d'une manière convenable.

Pour les manger fraîches, on conseille de leur enlever d'abord toute la première écorce à l'aide d'un couteau; quant à la seconde, désignée sous le nom de *tan*, il est nécessaire de jeter les châtaignes dans l'eau bouillante, et de les y laisser pendant quelques minutes pour les faire renfler et la faire séparer facilement. On les agite plus ou moins long-temps, et lorsqu'elles sont entièrement dépouillées et parfaitement blanches, on les retire pour les mettre dans de l'eau froide afin de les bien laver. Après avoir ensuite fait chauffer une nouvelle quantité d'eau, dans laquelle on jette une poignée de sel ordinaire, on y verse les châtaignes, et on les laisse bouillir pendant l'espace de quelques minutes seulement. Après les avoir mises à sec une seconde fois, on les remet dans la marmite, que l'on recouvre d'un linge, et on laisse le tout exposé à une chaleur aussi douce que modérée, et plus ou moins long-temps prolongée suivant le besoin. Cuites par ce procédé, les châtaignes perdent totalement toutes les parties aqueuses qu'elles contiennent, et même celles dont elles auraient pu se pénétrer pendant qu'elles étaient sur le feu, et à mesure qu'elles s'essuient, elles contractent un goût et une saveur beaucoup plus agréable que ne pourraient jamais avoir celles qu'on aurait fait cuire avec de l'eau seulement et dans leur écorce entière; elles sont encore à préférer à celles qu'on fait rôtir dans la poêle, ou cuire sous la cendre bien chaude.

Dans l'intérieur de la marmite en fer, qui est soumise à une chaleur continuée pendant quelque temps, toutes les châtaignes qui sont appuyées et qui touchent les côtés doivent néces-

sairement être un peu plus fermes et différentes
de celles qui se trouvent dans le milieu. Mais
cela ne peut pas être considéré comme un inconvénient, puisque les uns les recherchent lorsqu'elles sont rissolées, tandis que d'autres les aiment dans leur état naturel. Enfin, pour les servir, on les renverse dans un linge assez grand
et assez épais, pour qu'elles puissent rester chaudes pendant long-temps, et chacun les y prend
pour les manger; on évite de cette manière la
perte des heures qu'il faudrait prolonger avant
d'avoir fini son repas, et l'on ne rejette rien de
la substance farineuse qui resterait adhérente à
la peau lorsqu'on les casse sous la dent.

Toutes les eaux dont on a fait usage pour faire
cuire les châtaignes, servent à améliorer les farines d'orge ou autres que l'on prépare pour les
cochons.

Lorsqu'on veut faire cuire des châtaignes sèches, si elles sont encore dans leur peau, il faut
les battre pour l'enlever; ensuite, les mettre tremper dans de l'eau tiède pendant dix ou douze
heures au moins pour les faire renfler et qu'elles
reviennent à leur grosseur première. Après avoir
jeté cette première eau, on les lave encore à
froid, et on procède à leur cuisson comme il

vient d'être dit; mais lorsqu'elles ont été mises à
nu et dépouillées de leur écorce, on verse dessus
de l'eau assez chaude pour les amollir d'abord, et ensuite augmenter leur volume. On
achève ensuite de les faire cuire de même que
nous l'avons déjà dit pour les autres, ce qui les
rend d'un goût aussi sucré et aussi agréable que
si elles étaient dans leur première fraîcheur.

§. XVI. *La Chélidoine.*

CHÉLIDOINE. *Chelidonium majus*, L. Fumeterre bulbeuse, *Fumaria bulbosa*, L. Famille
des Papavéracées, J. (Végétaux exogènes ou dicotylédons.) Calice ordinairement de quatre sépales et caduc; corolles ordinairement de quatre
pétales; étamines hypogynes en nombre défini
et indéfini; ovaire simple; style ordinairement
nul; stigmate divisé; fruit ordinairement uniloculaire et polysperme; feuilles alternes.

Genre CHÉLIDOINE. *Chelidonium majus.* Calice
caduc de deux sépales; corolle de quatre pétales égaux et irréguliers; étamines en nombre
indéfini; une silique linéaire, uniloculaire, bivalve; racine vivace; tige haute d'un à deux
pieds, dressée, rameuse, faible; feuilles minces,
glabres, glauques en dessous, comme ailées, pro-

fondément pinnatifides, à folioles ovales, à dents
et à lobes arrondis ; fleurs axillaires ou terminales portées sur un pédoncule commun, qui se
divise ensuite en ombelle simple, à quatre ou
cinq rayons ; fleurs jaunes.

Genre FUMETERRE BULBEUSE. *Fumaria bulbosa.* Calice de deux sépales colorés, caducs ;
corolle de quatre pétales irréguliers, dont un se
prolonge en éperon ; six étamines partagées en
deux faisceaux portant chacun trois anthères ;
racine vivace, bulbeuse, arrondie et garnie de
fibres minces ; tige simple, droite, haute de six
à sept pouces ; feuilles pétiolées, décomposées,
à folioles incisées ; fleurs assez grandes, blanchâtres ou rougeâtres, disposées en épi lâche,
terminal, garni de grandes bractées.

On regarde la chélidoine comme un stimulant
vénéneux que l'on emploie depuis deux jusqu'à
quatre gros en décoction, et qui, appliqué à
l'extérieur, est très utile pour ranimer les vieux
ulcères. Le suc exprimé de cette plante se donne
en potion à la dose d'un ou deux gros, l'extrait
de toute la plante en pilules de deux à quatre
grains. Quant au pavot cornu, *chelidonium lu-
teum*, on emploie ses feuilles entières mêlées
avec un peu d'huile d'olive ; on a même admi-

nistré cette plante contre la syphilis. On donnait son suc mélangé avec du miel à la dose d'une cuillerée, que l'on augmentait peu à peu. En hiver on faisait prendre l'extrait de toute la plante à la dose de quatre grains en pilules, qu'on portait jusqu'à vingt grains, pour le continuer jusqu'à parfaite guérison.

§. XVII. *La Pivoine officinale.*

PIVOINE OFFICINALE. *Pæonia officinalis.* Polyandrie digynie, L. Famille de Renonculacées, J. (Végétaux exogènes ou dicotylédons.) Calice polysépale; corolle de quatre à cinq pétales au plus; étamines nombreuses, hypogynes; ordinairement plusieurs ovaires surmontés chacun d'un style et d'un stigmate simple; fruit variable.

Genre PIVOINE. *Pæonia.* Calice de cinq sépales concaves; corolle de cinq pétales réguliers et très larges; étamines fort nombreuses; deux à cinq pistils; capsules uniloculaires polyspermes, s'ouvrant par une suture interne. Racine vivace, fasciculée, composée d'un grand nombre de tubercules allongés; tige herbacée, dressée, rameuse, cylindrique, haute d'environ deux pieds; feuilles alternes, très grandes irrégulièrement, deux fois ailées, à lobes inégaux.

elliptiques, lancéolés, aigus, entiers, très glauques en dessous ; fleurs très grandes, d'un rouge violacé, solitaires et terminales : les pistils sont au nombre de trois, et deviennent autant de capsules cotonneuses, renflées à leur base.

La pivoine officinale, dont on reconnaît deux variétés, l'une mâle, l'autre femelle, est cultivée dans les jardins. De couleur pourpre, elle flatte les yeux ; mais son odeur vireuse la rend repoussante à l'odorat. On retire un extrait aqueux de la fleur et des racines, qui sont elles-mêmes d'une saveur amère, extrêmement forte et désagréable. Les semences, qui sont inodores, contiennent de l'huile et de la fécule, qui est même assez abondante dans les racines pour qu'on puisse en extraire de l'amidon.

Considérée en médecine comme un antispasmodique assez puissant, la racine de pivoine s'emploie en décoction depuis quatre jusqu'à huit gros ; avec sa poudre on fait des bols, que l'on donne depuis trente-six grains à un gros. Avec deux ou quatre gros de ses fleurs on charge son infusion d'une manière suffisante ; ses semences s'emploient à la même dose. On en fait un sirop pour les tisanes et les potions, dont on administre depuis quatre gros jusqu'à deux

onces; ses feuilles s'emploient en substance depuis une jusqu'à trois onces. Sa teinture se
donne en potion depuis trente-six grains jusqu'à
un gros.

De l'*Arrow-root.*

Dans le nombre des substances féculantes ou
amilacées qui nous viennent de l'étranger, on
distingue plus particulièrement l'*arrow-root de
l'Inde*, qui est encore une fécule amilacée, ou
plutôt de l'amidon extrait des racines du *maranta indica* et du *maranta arundinacea*, plantes
exotiques pour lesquelles nous croyons devoir
renvoyer aux ouvrages de botanique, parce que
leur histoire et leur synonymie présentent quelque obscurité, que nous ne pourrions dissiper ici
sans entrer dans des détails assez longs, et qui
deviendraient tout-à-fait étrangers au plan de
cet ouvrage. Cependant, comme le salep dont
nous avons déjà parlé et l'arrow-root sont deux
fécules qui peuvent très bien être confondues
l'une avec l'autre, lorsqu'elles sont réduites en
poudre, nous devons dire qu'il est assez facile
de reconnaître le salep de Perse à l'odeur particulière qui lui est inhérente, et que l'arrow-root
n'est autre chose que la fécule amilacée extraite

des plantes de la famille des halésiers, comme le salep est lui-même la fécule des orchidées.

Notre fécule extraite de la pomme de terre lui ressemble tellement, que lorsqu'elle nous parvient de l'Amérique, et principalement de la Jamaïque, il n'est pas possible de les distinguer : quoi qu'il en soit, l'arrow-root de l'Iude est une fécule nourrissante et analeptique. Pour l'obtenir en grande quantité, on cultive de préférence toutes les plantes connues sous le nom de *maranta arundinacea*, L., *herbe à la flèche*, que les Indiens caraïbes tiennent près de leurs habitations, et dont ils mangent les racines cuites sous la cendre comme un spécifique contre les fièvres intermittentes; tel est au moins le rapport des voyageurs.

De quelques propriétés salutaires ou bienfaisantes que puisse jouir l'arrow-root de l'Inde, la fécule de la pomme de terre de nos pays les possède au même degré que cette herbe à la flèche ; nous ne craindrions même pas d'affirmer qu'elle pourrait être considérée comme bien meilleure, parce qu'en tout temps il est très facile de se la procurer beaucoup plus récente, par conséquent plus fraîche, et que la seule chose qui lui manque c'est d'avoir été pompeusement

décorée d'un superbe nom par des étrangers qui
apportent l'un au prix de cinq à six francs la
livre, tandis que l'autre ne vaut que depuis
quarante jusqu'à cinquante centimes chez tous
les marchands de comestibles. Voilà tout ce qui
peut contribuer à établir entre ces deux fécules
une si grande différence.

D'après tout ce que nous venons d'exposer
relativement aux plantes dont on pourrait extraire de l'amidon, il en existerait peut-être
encore quelques unes qui, par leur nature, en
contiendraient une plus ou moins grande quantité ; mais cela nous entraînerait dans de trop
longs détails. Nous dirons cependant encore
qu'en 1716, M. Vaudreuil avait imaginé de
substituer au blé destiné à fabriquer l'amidon
la racine de l'*arum*, ou pied de veau ; qu'il avait
même obtenu le privilége exclusif pour lui et sa
famille de fabriquer, pendant vingt ans, cette
espèce de produit extrait de la plante ici men-
tionnée. Mais quelle que puisse être la substance
à mettre en œuvre pour avoir une fécule amilacée, il faut toujours éplucher, laver les bubes,
les racines ou les plantes, il faut les râper, les
comminuer en ajoutant de l'eau à celles qui
seraient trop sèches, et en faire une pâte pour

les soumettre à la presse, afin d'obtenir tout le marc qui peut résulter de leur compression. On délaie ensuite à grande eau dans des vases ou des baquets, au fond desquels il se dépose, après un séjour plus ou moins prolongé, un sédiment quelconque qui, lavé et desséché, constitue le véritable amidon.

CHAPITRE II.

DES PROCÉDÉS A SUIVRE POUR FABRIQUER L'AMIDON.

§. Iᵉʳ. *De l'Eau et de son choix.*

Pour la prospérité de son établissement, le fabricant d'amidon ne saurait apporter trop d'attention sur le choix de l'eau qui doit servir à son travail; le puits, aussi profond que peu susceptible de tarir même dans les plus grandes sécheresses, sera placé dans le milieu de l'atelier, ou de manière à éviter le trop de main-d'œuvre et la perte du temps. Par le moyen d'une bonne pompe, facile à mouvoir, il dirigera partout où il en est besoin la quantité d'eau nécessaire à toutes ses opérations; mais, avant que de l'employer, il devra s'assurer si elle ne porte pas avec elle des substances qui pourraient devenir sinon nuisibles, au moins capables de retarder la séparation du produit qui doit fournir à sa fabrication et le dédommager de son travail. C'est pourquoi nous ne craindrons pas d'exposer ici quelques notions générales sur l'eau examinée dans ses rapports chimiques, et l'action qu'elle exerce sur les substances végétales, et particulièrement sur l'amidon, notre objet principal dans ce moment.

On sait que l'eau est généralement considérée comme un liquide sans couleur bien marquée, sans odeur bien prononcée, et dénuée de toute espèce de sapidité lorsqu'elle est pure, qui pénètre et se mêle entièrement avec tous les produits des végétaux qu'elle gonfle et boursoufle, qui en dissout même un grand nombre, tels que le sucre, les gommes; enfin, toutefois qu'une substance végétale subit la dissolution, ce n'est que par suite de la destruction de ses molécules cohérentes, qui favorise alors les nouvelles combinaisons qu'elle peut subir; c'est de là même que viennent tous les mouvemens nécessaires pour déterminer la fermentation, car on aurait beau laisser les végétaux dans leur état de sécheresse, il n'y aurait jamais possibilité de les amener à un changement quelconque, et si l'eau avec laquelle on fait un mélange de gomme ou de sucre parvient à la longue à en opérer la destruction totale, il est prouvé qu'elle ne peut avoir aucune action directe sur les substances amilacées.

Aussi, quelle que soit la matière qui les tienne en suspension, l'eau ne peut servir qu'à favoriser leur séparation ; il n'y a même que l'amidon qui forme précipité : il reste entièrement et complétement isolé, parce qu'il est impossible qu'il subisse la moindre tendance vers la décomposition. Quant aux substances animales, c'est absolument le contraire : plus elles sont exposées à l'action de l'eau, plus elles tendent à leur destruction ; on ne peut même parvenir à les conserver qu'en employant tous les moyens de les amener à une dessiccation complète. Autant qu'il serait possible, l'eau employée pour fabriquer l'amidon devrait être choisie dans celle qui est bonne à boire ; mais c'est presque toujours le contraire. En effet, pour ne citer que celle des puits de Paris, elle se trouve bien éloignée d'être limpide, sans odeur, sans saveur particulière, nullement susceptible d'être troublée par l'eau de

savon, puisqu'elle tient en dissolution non seulement une quantité plus ou moins grande de
sulfate de chaux (sélénite), mais encore du chlorure de calcium. Aussi, dans cet état, elle n'est
point propre aux usages domestiques, parce
qu'elle durcit les légumes en les cuisant avec,
et qu'on ne peut s'en servir pour dissoudre le
savon puisqu'elle le caillebote. Cependant on
pourrait croire que plus les puits sont rapprochés de la rivière, plus l'eau qu'ils fournissent
serait bonne pour fabriquer les substances amilacées, parce qu'il est prouvé que l'eau de la
Seine contient très peu de sulfate de chaux; mais
nous avons eu les preuves du contraire, car,
après avoir visité plusieurs établissemens qui en
sont très rapprochés, nous avons été convaincu
que les puits les mieux établis, et qui tous
donnent de l'eau en grande abondance, la
fournissent toujours plus ou moins chargée
d'une matière calcaire plus ou moins susceptible de retarder ou de nuire à la fermentation
des substances employées pour faire l'amidon.
Quant à celle qui est distribuée par le moyen du
canal Saint-Martin, elle en est un peu plus
chargée, mais cependant en bien moins grande
quantité que celle qui est puisée dans les puits

situés dans l'intérieur de la ville. Ainsi, l'eau
commune, dans son état de pureté, doit donc
être non seulement considérée comme d'une utilité presque indispensable pour servir à l'existence des animaux, mais encore comme absolument nécessaire toutes les fois qu'il s'agit
d'opérer en grand la dissolution des substances
végétales pour en obtenir la substance amilacée,
l'amidon.

En chimie, on considère l'eau comme formée
de deux volumes d'hydrogène et d'un volume
d'oxigène ; elle y est encore désignée sous le
nom d'*oxide d'hydrogène*. Elle est si abondamment répandue sur le globe, qu'elle en forme plus
de la moitié en étendue ; elle y existe sous les trois
états, de solidité ou de glace, de liquidité ou
d'eau, de fluidité aériforme ou vapeurs. Solide, on la trouve au sommet des hautes montagnes, tant que la température de zéro ou quelques degrés au-dessous lui permet d'y rester.
L'état liquide est le plus ordinaire à la température au milieu de laquelle nous vivons, et ce
n'est que momentanément qu'elle devient solide ;
celle d'un ruisseau, d'un fleuve ou de la mer,
est formée des mêmes élémens et dans les mêmes
proportions. Toutes les eaux ne diffèrent entre

elles que par les substances étrangères dont elles sont susceptibles de se charger en vertu de leurs actions sur les corps qu'elles pénètrent; toutes celles qui ont une odeur prononcée, jointe à une saveur qui leur donne la faculté d'agir sur l'économie animale, sont regardées comme *minérales;* toutes celles qui tiennent en suspension du sel marin, comme les eaux de quelques sources et de la mer, sont appelées *eaux salées;* celle des puits est, comme nous l'avons dit plus haut, considérée comme *séléniteuse.* C'est donc avec juste raison que les anciens avaient appelé l'eau *le grand dissolvant de la nature.*

Pour obtenir l'eau dans un état de pureté parfaite, on a recours à la distillation, que l'on opère en grand par le moyen d'un alambic. Au sortir de là, non seulement elle est dépouillée entièrement de toutes les matières fixes qu'elle tenait en suspension, mais encore de l'air et de tous les autres gaz qu'elle pouvait contenir.

§. II. *Eaux sures* ou *Eaux fortes.*

Mais quelle que puisse être la qualité de l'eau qu'on emploie pour fabriquer, on ne peut s'empêcher de la considérer comme le principal agent des objets que les amidonniers doivent soumettre à une fermentation plus ou moins prolongée ; c'est elle qui doit servir à séparer des matières qui la tiennent en suspension toute la fécule amilacée, connue dans le commerce sous le nom d'*amidon*. Aussi, pour en accélérer l'action principale, ils y ajoutent ordinairement, et après l'avoir fait chauffer, soit de la levure de bière, soit du levain préparé pour faire le pain ; ils en prennent deux livres de l'une ou de l'autre, qu'ils délaient peu à peu dans un seau d'eau pour l'étendre ensuite jusqu'à ce qu'ils en aient obtenu toute la quantité nécessaire pour arriver à l'objet qu'ils se proposent, c'est-à-dire pour leur mise en œuvre, et le nombre des bernes ou tonneaux qu'ils peuvent avoir à remplir lorsqu'ils y ont déposé les diverses matières qui doivent subir la fermentation. Les amidonniers désignent l'eau ainsi chargée d'une substance propre à développer toutes les conditions nécessaires à la fermentation, sous les noms d'*eaux sures* ou *eaux fortes*, et ils ne les mettent même en usage qu'après y avoir laissé séjourner pendant quarante-huit heures au moins la levure ou le levain qu'ils y ont délayé pour en faire un mélange exact.

Pour suppléer au défaut de levure et de le-

vain, on a proposé le mélange suivant : Prendre
quatre litres d'eau et autant d'alcool faible (eau-
de-vie); y ajouter un kilogramme de sulfate d'a-
lumine (alun). Mettre le tout dans un chaudron,
et faire bouillir. Après l'avoir laissé refroidir,
on s'en sert pour remplacer *l'eau sure* préparée
avec la levure de bière.

Enfin, il est encore un autre moyen de se procurer pendant le travail des eaux sures. Il consiste à conserver celles qui surnagent dans les
bernes à la suite des lavages de la mise en trempe,
comme il sera dit un peu plus bas en parlant
de la deuxième opération, §. V. Il n'y aurait
même aucune autre matière propre à développer
les mouvemens fermentescibles que les mélanges
préparés dans les bernes avec de l'eau seulement ;
ils finiraient, à l'aide d'une température un peu
élevée, comme pendant les jours d'été, à passer
à une fermentation d'autant plus prompte, que
la chaleur de l'atmosphère serait plus élevée et
plus long-temps continuée ; les temps orageux la
développent si promptement, qu'ils peuvent
même occasionner des pertes considérables.

§. III. *Préparatifs de la Trempe.*

Nous supposons que l'atelier de l'amidonnier est disposé de manière à ce que les bernes, ou plutôt les tonneaux, soient placés de façon qu'on puisse facilement circuler à l'entour, et que l'ouvrier, après qu'ils ont été défoncés par le dessus, n'éprouve aucune difficulté pour y verser une quantité plus ou moins grande des eaux sures préparées d'avance, mais qui doit toujours être proportionnée à leur force de concentration, à la température du trempis, à celle de l'atmosphère, car il en faut beaucoup moins en été qu'en hiver; et pendant cette dernière saison une des premières attentions à apporter dans le commencement du travail, c'est d'empêcher que ces eaux, qui doivent servir de levain, ne viennent à geler. Sur la quantité d'eau sure employée, on en ajoute de l'autre jusqu'à ce que le tonneau soit à moitié rempli.

§. IV. *Mise en trempe.*

Première opération. Toutes les bernes ou tonneaux étant ainsi disposés, on achève de les remplir avec des recoupettes, des griots ou gruaux, de la farine plus ou moins grossièrement moulue, provenant de blés gâtés ou avariés d'une manière quelconque, et non susceptible de servir à faire du pain; après avoir exactement mélangé le tout, on laisse déposer. C'est cette première opération qu'on appelle mettre en trempe. Autrefois la durée de cette mise en trempe devait être de vingt à vingt-quatre jours; on exigeait même qu'elle fût opérée à l'aide d'eau pure, claire et nette; mais quinze jours en hiver et dix jours pendant la belle saison, sont quelquefois plus que suffisans pour l'achever, car elle ne dépend que de la force du ferment qu'on a employé, et des conditions dans lesquelles l'atelier est placé relativement à la chaleur atmosphérique. Au surplus, l'habitude et l'expérience peuvent seules conduire à juger, et faire connaître d'une manière exacte quel peut être le temps ou la durée que doit avoir eu la trempe pour se trouver dans l'état qui peut convenir pour la continuation du travail : on parvient encore à faciliter l'opération en remuant et agitant de temps à autre les matières contenues dans les bernes pour aider à leur séparation.

Ce n'est qu'après un certain temps d'immersion dans les eaux sures qu'il survient séparation ou plutôt dissociation des parties compo-

sant les matières sur lesquelles on veut opérer;
une grande partie se précipite au fond des tonneaux, et l'eau qui les recouvre devient grasse,
onctueuse. Les uns ont considéré tout ce qui
sert à l'épaissir comme une huile que la fermentation des trempes aurait fait monter à la surface, les autres comme une substance muqueuse
plus ou moins chargée d'albumine qui la surnage; mais, quelle qu'elle soit, il faut s'en débarrasser entièrement.

Ensuite, avec un tamis de crin, dont le diamètre doit avoir dix-huit pouces avec des bords
de vingt pouces de hauteur, placé sur deux
barres transversales appuyées sur un autre tonneau bien rincé, on puise par le moyen d'un
seau ordinaire tout ce qui se trouve au fond du
tonneau qui est la mise en trempe presque tout
entière, mais séparée par une immersion prolongée dans l'eau; on la verse dans le tamis : après
la troisième fois, on lave le tout comme nous le
dirons tout à l'heure : il ne faut même point
passer outre qu'après avoir reconnu que la
trempe a été suffisamment prolongée. On y par-
viendra facilement en prenant une poignée de ce
qui se trouve dans la berne, pour l'exprimer
fortement avec la paume des mains; l'eau qui en

sort est plus ou moins chargée et plus ou moins
blanche; tout ce qui reste ne doit plus rien contenir que le son pur et débarrassé de toutes les
molécules farineuses ou amilacées qu'il portait
avec lui. On remue, on agite avec une pelle de
bois pour passer à la seconde opération.

§. V. *Lavage du son.*

Deuxième opération, désignée par *laver le son*,
c'est-à-dire extraire par des lavages plus ou
moins prolongés toutes les parties farineuses et
amilacées qui ont été séparées par la macération
pendant la mise en trempe. Pour opérer, on
remplit chaque tamis avec tout ce que peuvent
contenir trois seaux des matières trempées; on
verse ensuite par-dessus deux autres seaux d'eau
claire, et avec ses bras, l'ouvrier tourne, retourne et agite en tout sens pour faciliter les lotions. Cette première eau étant entièrement passée à travers le tamis, il en verse encore deux
autres qu'il agite et fait passer de la même manière; il répète trois fois cette manœuvre et
même davantage lorsqu'il est nécessaire. Tous les
résidus conservés sur le tamis se jettent ensuite
dans un autre tonneau, et pour achever de les
laver jusqu'à la fin, on verse encore par-dessus

une nouvelle quantité d'eau plus ou moins considérable et jusqu'à ce que la berne soit entièrement remplie. Le lavage terminé, on conserve tout ce qui a pu y être soumis, et l'on s'en sert encore pour nourrir et engraisser les bestiaux.

Toutes ces lotions se continuent jusqu'à ce que le tonneau sur lequel est placé le tamis soit entièrement rempli; après quelques heures de repos il surnage sur la matière amilacée une assez grande quantité d'eau qui, malgré qu'elle n'en tienne plus en suspension, ne s'en trouve pas moins renfermer et contenir toutes les conditions nécessaires pour former les *eaux sures* ou *fortes* dont nous avons parlé dans le §. II. C'est même à cause de cette propriété qui leur est particulière, qu'on les a encore appelées *levain de l'amidonnier*, comme nous l'avons déjà indiqué. Lorsqu'on veut les employer, on en mélange dans chacun des tonneaux un seau, si l'opération a lieu pendant les temps chauds; trois et souvent quatre, si l'on veut travailler en hiver; car leur quantité doit toujours être relative à la température atmosphérique.

On arriverait peut-être à un résultat beaucoup plus avantageux, en mettant en presse tout ce qui vient d'être lavé, pour l'épuiser complète-

ment, et obtenir, par une expression plus ou
moins forte, toute la partie blanche amilacée
qui peut s'y trouver renfermée; mais comment
faire adopter ce procédé s'il n'est pas en usage
par les fabricans? Quoi qu'il en soit, tous les lavages terminés, il faut laisser reposer tout ce
qu'on en a obtenu pendant l'espace de deux,
trois et même quatre jours consécutifs, avant de
passer à la troisième opération.

§. VI. *Rafraîchissement de l'amidon.*

Troisième opération. Pour *rafraîchir l'amidon*,
on enlève avec une sébile toute la quantité
d'eau qui surnage, de manière à arriver jusqu'à
ce que la substance blanche qui s'est déposée au
fond du tonneau vienne à paraître, et qu'on
puisse la mettre à découvert; on remplit avec
de la nouvelle eau, ensuite avec une pelle de
bois on agite, on mélange, on broie, on délaie
la fécule amilacée, on la tourmente en tout
sens, et si le tonneau n'était pas plein après
l'opération terminée, on acheverait de le remplir. Toute l'eau qui a été enlevée dans le commencement se garde pendant quelque temps
dans des vases de terre ou de bois, parce qu'elle
contient une assez grande quantité d'amidon

qu'il ne faut pas perdre. Enfin, après le deuxième jour de repos, on sépare toute l'eau qui a été employée pour opérer le rafraîchissement de l'amidon, jusqu'à ce que l'on soit arrivé au premier blanc, que l'on désigne le plus ordinairement sous le nom de *gros*, parce qu'il a été pris et enlevé sur la couche du véritable amidon, qu'on appelle encore *second blanc*, qui en est entièrement recouverte. On le met à part, et lorsqu'il est complétement achevé, on l'emploie dans les basses-cours comme nourriture pour servir à engraisser les volailles, les porcs, etc.; c'est même pour cette dernière raison que les amidonniers en font une base assez essentielle de leur commerce, et qu'ils y attachent une importance relative aux bénéfices qu'il leur procure.

Une observation importante à faire sur l'engrais des volailles avec la matière dont nous venons de parler, c'est qu'on la leur abandonne après avoir été séparée pour le rafraîchissement, sans y rien ajouter qui puisse les aider à la digérer; aussi, malgré qu'ils soient très abondamment nourris, la plus grande partie de ces animaux nous ont paru faibles ou languissans; et sur la réflexion que j'en faisais, on me répon-

dit qu'ils avaient coutume de rester dans cet
état jusqu'à ce que leur estomac en eût contracté
l'assuétude et qu'ils y soient faits. Cette réponse
est bien éloignée d'être exacte, et encore moins
conforme à l'expérience; il vaudrait beaucoup
mieux, comme nous l'avons indiqué déjà plusieurs fois aux personnes qui s'en occupent,
placer dans le voisinage du baquet dans lequel
on leur donne à manger, des platras, des gra-
viers réduits en poudre grossière, ou du sable
de rivière plus ou moins fin, des écailles d'huîtres
pulvérisées, des coquilles d'œufs ou de colima-
çons concassées, enfin des substances plus ou
moins dures, auxquelles on pourrait encore
associer avec grand avantage différentes herbes
potagères grossièrement hachées, afin qu'ils
puissent à volonté les ingérer d'abord dans leur
gésier, et de là parvenir dans leur estomac, de
manière à rendre leur digestion moins pénible,
moins laborieuse; alors, avec des digestions
plus faciles et plus susceptibles de leur fournir
ce qui est nécessaire à leur assimilation, ils deviennent forts, vigoureux; aussi ils engraissent
beaucoup plus promptement, lorsque dans les
derniers temps surtout on les enferme, pour les
empêcher de courir, dans un endroit dont la

température est constamment chaude ; cette dernière condition complète tout ce qu'il convient
de faire pour obtenir des volailles grasses, aussi
bonnes que délicates à manger, parce que, dans
la méthode que nous venons d'indiquer en peu
de mots, tout se trouve conforme à l'ordre éta-
bli par la nature pour la nutrition des animaux
de cette espèce.

§. VII. *Le Rincer.*

Quatrième opération. La séparation du gros terminée complétement, on jette un seau d'eau
fraîche et nouvellement tirée sur la petite quantité qui en est restée sur le second amidon blanc
qu'il recouvrait auparavant ; on mélange en tri-
turant pour rincer la portion supérieure de ce
qu'il en reste avec cette dernière quantité d'amidon, en même temps l'on dépose séparément
dans un autre tonneau vide toutes les eaux qui
ont servi à rincer ; après les y avoir laissé déposer pendant un espace de temps plus ou
moins long, il s'y forme un dépôt quelquefois
assez considérable, qu'on désigne sous le nom
d'*amidon commun.*

L'opération de rincer terminée, il se trouve
dans le fond de chacun des tonneaux qu'on a

employés, une couche d'amidon épaisse d'environ
cinq à six pouces, et qui varie suivant la bonté
des matières premières qui ont été mises en
œuvre; les recoupes, recoupettes et griots de
bonne qualité, doivent en fournir davantage
que les mauvaises. Il est confirmé, par expérience, que les blés avariés, lorsqu'on les emploie, en donnaient la quantité la plus grande,
et qu'elle ne pouvait pas être comparée avec les
autres, parce qu'on le met en œuvre dans tout
son entier et avec toutes ses parties consti-
tuantes; mais aussi l'amidon qui en provient est
bien éloigné d'avoir ou d'acquérir la blancheur
de celui qui est fabriqué avec des recoupettes et
des griots de première qualité qui auraient été
mis en usage pour la fabrication. Aussi, voilà
une des raisons principales pour lesquelles on
ne peut confectionner que des amidons communs avec la farine de blés avariés.

§. VIII. *Passer les blancs.*

Cinquième opération. Pour passer les blancs,
on fait un mélange exact de ce qui reste d'un
tonneau dans un autre. Ainsi, lorsque de plusieurs tonneaux on a tout réuni dans un seul,
la couche d'amidon, devenue double, s'élève à

une épaisseur de dix à douze pouces, principalement lorsqu'on a employé des matières premières de bonne qualité. Pour en obtenir une quantité beaucoup plus considérable, il faut réunir dans une seule berne celui de plusieurs autres, et lorsqu'elle est remplie on y ajoute un peu d'eau pour le délayer, de manière à ce qu'on puisse la passer encore une fois à travers un blanchet ou dans un tamis de soie, avant de le déposer dans une futaille bien nette. Après un jour ou deux de repos, on le décante pour le ramasser avec les mains, et le mettre dans des paniers garnis de toile, que l'on fait égoutter ensuite pendant vingt-quatre heures sur d'autres tonneaux, et avant que de le porter au séchoir pour en compléter le travail.

§. IX. *Démêler les blancs.*

Sixième opération. Après avoir transvasé tout ce qui se trouve de blancs au fond de plusieurs tonneaux dans un seul, on y ajoute une nouvelle quantité d'eau très claire, et par le moyen d'une pelle de bois avec laquelle on les broie, on les délaie les uns avec les autres, on en fait une seule masse assez liquide pour qu'elle puisse passer à travers un tamis de soie de forme ovale, placé en travers sur deux barres appuyées sur les bords d'un autre tonneau aussi propre qu'il est possible de se le procurer; on y verse peu à peu les blancs qui ont été démêlés, en continuant jusqu'à ce que le tonneau dans lequel on les passe soit totalement rempli : on conçoit facilement que pour ce travail il est de nécessité première de n'employer que l'eau la plus claire et la plus limpide.

§. X. *Lever les blancs.*

Septième opération. Quarante-huit heures après avoir démêlé et passé les blancs on jette l'eau qui reste dans les tonneaux, après avoir passé à travers le tamis de soie, jusqu'à ce que l'on soit arrivé au blanc qui se trouve entassé dans le fond. Le plus ordinairement il se trouve encore recouvert par de l'eau blanche, que l'on a grand soin de recueillir dans une terrine un peu grande; puis on verse sur l'amidon restant un autre seau d'eau dont on se sert pour en rincer la superficie, et on mélange cette dernière à l'eau blanche; comme elle dépose encore beaucoup, tout ce qui en provient est de l'amidon commun. Enfin, après avoir parfaitement rincé toute la masse de l'amidon qu'on aura pu obtenir, il ne reste plus qu'à l'enlever du fond des tonneaux pour le mettre dans des paniers d'osier ayant un pied de large sur dix-huit pouces de long et dix de haut, arrondis sur les angles, et garnis dans l'intérieur et leur pourtour avec des morceaux de toile qui, n'y étant point attachés, puissent en sortir librement et à volonté.

§. XI. *Rompre l'amidon.*

Huitième opération. Après avoir laissé les blancs déposer et s'agglomérer pendant vingt-quatre heures dans les paniers, lorsqu'ils sont tassés, on les monte au séchoir, qui est un grenier percé de tous côtés par des ouvertures plus ou moins grandes, suivant les localités, et placées vis à vis les unes des autres de manière à établir un courant d'air continue. L'aire du plancher doit être établie en plâtre blanc, toujours entretenue dans une grande propreté, et parfaitement essuyée à cause de la poussière; on renverse dessus tous les paniers les uns après les autres: comme la toile dont ils sont garnis n'y est pas adhérente, on parvient à l'enlever de suite avec la plus grande facilité, et la masse carrée qui le remplissait reste à nu, facile à briser avec les deux mains; d'abord en quatre portions à peu près égales, que l'on subdivise ensuite en autant de morceaux qu'on le juge nécessaire. Toute cette masse d'amidon ne peut guère être évaluée pour le poids, car il dépend presque toujours de la quantité et de la bonté des matières mises en œuvre pour l'obtenir : quoi qu'il en soit, on laisse le tout exposé au contact de l'air, et l'on ne doit l'enlever de dessus le plancher qu'après s'être assuré qu'il est parvenu à l'état de dessiccation complète.

§. XII. *Mettre aux essuis.*

Neuvième opération. Lorsqu'on juge que l'amidon est resté assez long-temps étendu sur le plancher pour qu'il soit bien sec et qu'on puisse facilement le travailler avec les mains, on le tasse pour l'enlever ensuite au moyen de l'instrument A (*voyez* la planche), et de là le porter aux essuis. On désigne de cette manière toutes les planches minces et transversales posées les unes sur les autres, dont se trouvent garnies toutes les fenêtres et les hangars des amidonniers, BB, CC (*voyez* la planche).

§. XIII. *Mettre à l'étuve.*

Dixième opération. Après avoir retiré l'amidon de dessus les planches ou osiers sur lesquels il avait été placé pour achever sa dessiccation, on prend tous les pains les uns après les autres, et sur toutes leurs faces on en enlève la superficie d'une manière plus ou moins épaisse, soit en la ratissant, soit en la coupant à l'aide d'un instrument tranchant; tout ce qui en est séparé par cette opération sert à confectionner l'amidon commun; mais il faut encore le comminuer et le casser par portions plus ou moins grosses et épaisses. Enfin, si, par suite de la mauvaise saison ou des temps humides ou pluvieux, la température atmosphérique n'avait pas été suffisante pour le sécher parfaitement, et qu'il ait été impossible de profiter de son moyen, qui contribue encore beaucoup à conserver sa blancheur et son brillant, on le porte à l'étuve, dans laquelle il est disposé par couches de trois à quatre pouces d'épaisseur, étendues sur des claies en osier, recouvertes par une toile, en observant toutefois de le retourner, soir et matin, sur toutes les faces pour l'exposer également au contact de la chaleur, et l'empêcher par ce moyen de prendre une teinte plus ou moins prononcée et de couleur verdâtre.

De l'Étuve.

L'étuve de l'amidonnier est le plus ordinairement une pièce ou un cabinet plus ou moins grand, élevé ou spacieux, garni dans le pourtour, au milieu et du haut en bas, par des tablettes de sapin bien minces, avec des rebords en saillie de trois à quatre pouces d'élévation, pour retenir et empêcher de tomber l'amidon, qui est habituellement placé dessus. Cette étuve doit être continuellement chauffée par un poêle, qu'il est bon d'établir en dehors, de manière à ce qu'il n'y ait que la chaleur qui puisse pénétrer dans tout l'intérieur et sans craindre la fumée, car, pour peu qu'elle y pénétrerait, elle ne tendrait qu'à altérer la blancheur et le brillant de l'amidon, en lui procurant une teinte roussâtre plus ou moins sensible à l'œil, et dont l'existence pourrait seule en empêcher le débit. Avant qu'on ne se servît d'une étuve, et encore à présent, lorsqu'il n'est pas possible d'en établir une, on devait recourir à la chaleur d'un four, et pour cela même on prenait à location le dessus du four du boulanger : mais dans ce cas il faut prendre les plus grandes précautions. Il serait donc préférable en tout temps, et dans toutes les circonstances, d'avoir recours pour sécher à l'exposition au soleil, aux courans d'air, enfin à la température de l'atmosphère, secondés par toutes les manipulations qui pourraient accélérer le desséchement de l'amidon sans produire la plus petite altération dans sa blancheur, qui doit toujours être exempte de la moindre nuance capable de lui ôter tout le brillant qu'on y recherche dans le commerce.

Autrefois les réglemens et statuts relatifs aux amidonniers leur enjoignaient de laisser l'amidon à l'étuve ou dans le four pendant quarante-huit heures de suite pour le dessécher; au sortir de là ils devaient l'exposer encore pendant huit autres jours aux essuis. On le distinguait alors, dans le commerce, en amidon *fin* et en amidon *commun*. Le premier devait être exclusivement employé à faire la poudre pour les cheveux; il entrait aussi dans la confection des dragées et autres sucreries communes. L'autre ne devait être vendu qu'en grains, sans qu'il leur fût permis de le réduire en poudre; il était réservé aux blanchisseuses de gaze et autres; les cartonniers, les relieurs, afficheurs, teinturiers du grand teint, l'employaient aussi; mais sa plus grande consommation se faisait pour fabriquer

13

l'empois bleu et blanc, la colle fine. Quant à ses
usages en médecine, ils étaient fondés sur l'opinion qu'on avait de ses propriétés adoucissantes,
onctueuses et pectorales. Enfin, si maintenant
l'amidon n'est plus guère usité que pour le donner en lavement, il doit être considéré comme
substance nutritive excellente dans toutes les
plantes où il peut se rencontrer.

Dans les divers perfectionnemens proposés
pour la fabrication de l'amidon, on a parlé de
pétrir la farine enfermée dans un sac de toile
claire sous un filet d'eau suffisant pour entraîner
toute la substance amilacée qu'elle peut contenir,
et faire une masse de toute la substance glutineuse qui resterait alors dans l'intérieur du sac;
ensuite de faire passer à travers des tamis fins
l'eau chargée de la fécule déposée au fond
du vase dans lequel on la sépare de l'eau, qui
reste encore elle-même assez abondamment
pourvue d'une matière sucrée, dont on pourrait
tirer un parti avantageux pour fabriquer une
boisson particulière. Ce procédé, imaginé par
M. Herpin, peut donner l'amidon en très peu
de temps, et faire obtenir à la fois le gluten et
la fécule sans avoir à subir les exhalaisons qui
se développent en suivant la méthode accou-

tirnée par la fermentation de la farine dans l'eau et son séjour plus ou moins long-temps prolongé, suivant la saison; mais, outre que l'odeur ammoniacale légèrement acidulée, contre laquelle on pourrait avoir des préjugés assez grands, n'est nullement dangereuse, cette méthode se rapproche tellement du procédé de M. Duhamel, indiqué plus haut à l'article *froment*, dans les plantes céréales que nous avons énumérées, qu'il devient inutile de s'en occuper davantage.

En Angleterre il a été accordé un brevet d'invention pour le moyen de blanchir et de purifier l'amidon; son objet est d'extraire de la farine employée pour la fabrication les restes de la partie colorante, qui donne une teinte jaunâtre au linge et aux étoffes que l'on apprête avec, et contre laquelle on emploie le bleu d'azur. Voici ce qui a été proposé pour ce perfectionnement. Lorsque l'amidon est prêt à être mis en pain, on le délaie de nouveau dans suffisante quantité d'eau, et pour chaque livre d'amidon on y ajoute quatre litres de liqueur composée avec deux onces de chlorure de chaux, étendues dans quatre litres d'eau; on agite le tout, et on laisse reposer. Après avoir tiré à clair la liqueur, on y verse deux autres litres, d'eau acidulée avec deux onces d'acide sulfurique concentré; on brasse de nouveau, et on étend cette dernière solution avec quatre fois autant d'eau pure. On laisse reposer jusqu'à ce que tout l'amidon soit entièrement précipité; on a proposé même de le laver autant qu'il peut devenir nécessaire de le répéter pour qu'il soit d'une blancheur extrême, et l'on assure que tous les tissus fabriqués avec le coton et apprêtés avec l'amidon, blanchis par ce procédé, ont été trouvés d'un éclat bien supérieur à ceux qui l'avaient été avec celui du commerce.

CHAPITRE III.

DE L'AMIDON CONSIDÉRÉ D'UNE MANIÈRE GÉNÉRALE.

AINSI, ce n'est qu'après être sortie de l'étuve, et lorsqu'elle est parfaitement desséchée, qu'on doit livrer au commerce la substance amilacée que l'on obtient par les procédés et les manipulations que nous venons de décrire, et dans le détail desquels nous avons dû entrer d'une manière assez étendue pour ne laisser, autant que possible, rien à désirer dans ce Manuel : on la

désigne alors sous les noms d'*amidon fin* et d'*a-*
midon commun. Autrefois elle était consommée
par quantité considérable pour confectionner la
poudre dont on recouvrait les cheveux comme
luxe ou comme parure ; mais depuis que la mode
en est passée ou qu'elle n'est plus guère entretenue que par un reste d'habitude, l'amidon
n'est plus employé que dans les arts ou quelques
autres procédés particuliers à l'encollage.

Si nous le considérons encore d'une manière
beaucoup plus générale, et sans avoir égard aux
différens corps de la nature dont on peut l'extraire en plus ou moins grande quantité, on
doit regarder l'*amidon* comme un produit im-
médiat que l'on rencontre dans la plus grande
partie des plantes connues, puisque toutes les
céréales le contiennent; on le trouve dans les
racines charnues, dans les tubercules. C'est une
des matières les plus répandues dans tous les
végétaux; c'est même la base essentielle de toutes
celles qui sont recherchées pour nourrir les animaux, et principalement l'homme, qui, par la
digestion ou par les forces assimilatrices qui lui
sont propres, le convertit avec la plus grande
facilité en sa propre substance. Cependant, si
l'on désigne sous le nom d'amidon la fécule

amilacée que l'on peut retirer de la farine, il est bien loin de s'y rencontrer dans un état de pureté complète, car toutes les farines renferment deux produits très distincts l'un de l'autre : l'*amidon* et le *gluten;* ce n'est même qu'en les isolant, et en les séparant entièrement l'un de l'autre, qu'on peut parvenir à se procurer de l'amidon parfait.

Pour l'obtenir dans ce dernier état, ou tout au moins aussi pur qu'il est possible de l'avoir, on râpe (comme nous l'avons dit plus haut) des pommes de terre d'une manière extrêmement fine ; on les lave ensuite à grande eau sur un tamis de crin ou de soie un peu serré. Tout ce qui ne passe point, et qui reste sur le tamis après la séparation de toutes les parties entraînées par les lavages plus ou moins répétés, n'est autre chose que ce qui n'a pu être assez comminué dans la pomme de terre râpée; enfin, après avoir laissé reposer pendant quelque temps la masse entière, tout ce qui constitue le véritable amidon se précipite au fond du vase; et si, après en avoir séparé l'eau, on le fait dessécher complétement, il ressemble assez à des cristaux aussi fins que brillans, qu'on peut très facilement juger par le moyen d'une loupe de force moyenne, et en les exposant à la grande lumière. Aussi tous les chimistes s'accordent à regarder l'amidon comme une poudre d'une blancheur parfaite, qui, malgré qu'elle existe sous forme cristalline, présente cependant des granulations qui quelquefois affectent une espèce de cristallisation très facile à apercevoir.

Quant à l'amidon que l'on fabrique avec le blé, ou toutes autres plantes céréales, il faut, pour parvenir à l'en séparer, les broyer d'abord, et ensuite les soumettre à la fermentation en les conservant, pendant un temps plus ou moins long, mélangées avec suffisante quantité d'eau contenue dans des cuves d'une grande dimension. Alors il se fait une séparation de la matière glutineuse qu'elles tiennent avec elles en suspension, et la décomposition de cette dernière est beaucoup plus prompte que celle de la matière amilacée ; c'est même dans ce cas que le gluten, qui est une véritable substance animale, se détruit assez promptement, lorsque l'amidon reste et se précipite parce qu'il y est indestructible.

Sans avoir de saveur bien prononcée, on peut cependant regarder l'amidon comme une substance extrêmement fade ; c'est même la raison pour laquelle il serait assez difficile de déterminer d'une manière spéciale son degré d'insipidité ; et comme il y a impossibilité de le dissoudre dans l'eau froide, de là résulte la grande facilité avec laquelle on le retire de la pomme de terre. Quant à son mélange avec l'eau chaude, il est si aisé, qu'il n'est presque pas de femme qui ne sache en faire la matière gommeuse que l'on désigne ordinairement sous le nom d'*empois*. Enfin, si toutes les fécules amilacées sont insolubles dans l'alcool ou esprit de vin, dans l'éther, on peut les rendre telles par le moyen des alcalis ; mais elles n'y éprouvent aucune espèce de changement, puisqu'on parvient encore à le précipiter de cette dernière combinaison par le moyen des acides. Sa densité est de 1,53 ; ce qui est considérable, dit M. Gay-Lussac, pour les végétaux, qui ne sont composés que d'élémens d'un poids peu considérable.

Le même chimiste donne aussi les moyens de convertir l'amidon en sucre de raisin par les acides ; on se sert ordinairement, pour opérer cette conversion, d'acide sulfurique que l'on fait bouillir avec l'amidon. En prenant deux parties d'acide sulfurique concentré, cent parties d'amidon, quatre à cinq cents parties d'eau, et en faisant chauffer, l'amidon est changé en sucre, qui peut éprouver la fermentation.

Cependant, la formation du sucre par l'amidon est un art qui, quoique de la plus grande importance, laisse encore des regrets, parce qu'il ne fournit pas le sucre de canne ou celui de betterave ; car, en prenant cent parties de fécule de pommes de terre, deux parties d'acide sulfurique concentré et quatre cents parties d'eau, et en faisant bouillir, on a du sucre de raisin mêlé à l'acide ; l'acide n'est pas altéré, et on le trouve tout entier converti en sucre. Pour l'enlever, il suffit de jeter de la craie sur le liquide : elle produit une effervescence. On peut en mettre en excès ; on filtre et l'on fait évaporer. C'est avec ce sucre que l'on améliore les vins, surtout en Bourgogne, où le procédé de rendre agréables les mauvais vins commence à se répandre. Avec addition de levure de bière, ce sucre d'amidon produit une fermentation abondante ; il ne cristallise pas, il ressemble au sucre de raisin : ce sont deux substances identiques. Avec cent kilogrammes de fécule de pommes de terre, on peut obtenir cent dix kilogrammes de sucre, et si l'on choisissait de l'amidon bien desséché, cent parties devraient donner cent vingt et une parties de sucre, d'après la composition des deux substances.

En faisant bouillir l'acide nitrique avec l'amidon, il donnerait également du sucre; cependant, si on le faisait bouillir long-temps, il donnerait de l'acide malique, puis de l'acide oxalique, parce que l'acide nitrique convertit le sucre en ces acides.

Une propriété importante de l'amidon, c'est qu'il donne une belle couleur bleue lorsqu'il est combiné avec l'iode; on se sert de cette propriété pour reconnaître la présence de l'amidon par l'iode, et la présence de l'iode par l'amidon; ce caractère est tout-à-fait décisif : les combinaisons de l'amidon avec l'iode ont cependant des teintes variées, selon la proportion de l'iode. Il en existe une blanche; quand l'iode est en petite quantité, la combinaison est violâtre; quand l'iode est en quantité plus sensible, elle est bleue; quand l'iode est en plus grande quantité, elle peut être noire par excès d'iode.

Dans les arts, la propriété de l'amidon, de développer la couleur bleue par l'iode, peut être d'une grande utilité; ce caractère peut servir à reconnaître si une étoffe a été apprêtée par l'amidon : on mouille l'apprêt, et l'on verse dessus une goutte d'iode ; la couleur bleue apparaît si l'amidon a été employé. Le collage en cuve du papier par l'amidon est une opération assez mauvaise ; on reconnaît qu'elle a eu lieu, lorsqu'en versant de l'iode sur le papier il se colore en bleu ; le collage du papier par la colle-forte ne donne pas cette couleur par l'iode.

Si l'on dissout de l'amidon dans une certaine quantité d'eau ordinaire, on le précipite facilement par l'addition du sous-acétate de plomb ; il en est de même avec la noix de galle ; mais le précipité qu'on obtient se dissout à une température de cinquante degrés ; au-dessous, il ne forme qu'une masse.

Quoique insoluble dans l'eau, on peut cependant le rendre tel et lui donner même toutes les propriétés des gommes et des mucilages ; mais il faut le torréfier comme le café, et ne lui donner qu'une couleur brunâtre peu foncée. Si dans cet état on le met dans l'eau, sa dissolution est complète : on peut même s'en servir pour remplacer les gommes.

Lorsqu'on humecte seulement l'amidon pour le soumettre ensuite à une chaleur de cinquante degrés, il forme une espèce de gelée, qui ne lui permet plus de reprendre son état pulvérulent amilacé; c'est en tirant parti de cette propriété particulière, qu'on est parvenu à former une multitude infinie de pâtes alimentaires, aussi recherchées dans le commerce des comestibles, qu'elles sont réputées excellentes comme nourriture en toute occasion et dans toutes les circonstances de la santé ou de maladie.

Si, après avoir été cuit, on laisse l'amidon sans éprouver aucun contact avec l'air environnant, il donne encore le sucre de raisin accompagné d'une matière gommeuse, et en assez grande abondance, car cela va jusqu'au tiers, et même la moitié de son poids; exposé au contact de l'air, sa liquéfaction a également lieu, mais il perd beaucoup, et jusqu'à la quatrième partie de son poids, quoique en fournissant de même la matière sucrée.

On forme des composés insolubles par la combinaison de l'amidon avec les oxides métalliques; celui qui résulte de l'oxide de plomb contient, sur cent parties, soixante et douze d'amidon, et vingt-huit d'oxide de plomb.

D'après l'analyse de l'amidon par MM. *Thenard* et *Gay-Lussac*, cent parties contiennent 43,55 de carbone, 56,45 d'eau. *Berzélius* a aussi trouvé sur cent parties 44,25 de carbone, de l'eau et un peu d'hydrogène. *Proust*, qui a opéré par la combustion dans l'oxigène, a trouvé que sur cent parties l'amidon contient quarante-quatre parties de carbone et cinquante-six d'eau, c'est-à-dire que l'oxigène dans lequel il a exécuté la combustion de l'amidon n'a pas éprouvé de diminution, et qu'ainsi l'hydrogène et l'oxigène de l'amidon sont dans les proportions nécessaires pour former de l'eau. Exprimé en atomes, le résultat de l'analyse de l'amidon est sept atomes de carbone, six atomes d'oxigène et six et demi d'hydrogène.

CHAPITRE IV.

POUDRE A POUDRER.

COMME toute la poudre pour les cheveux qui se fabrique, et que vendent encore à présent les parfumeurs, n'est autre chose que l'amidon réduit en poussière extrêmement fine, tamisée ou blutée à travers la soie, pour la rendre ensuite plus ou moins odorante, nous devons exposer la manière de la faire, et ne point passer sous silence ce produit de la fécule amilacée. Nous avons déjà fait mention qu'autrefois on consommait des quantités considérables d'amidon pour faire la poudre. Nous ajouterons même qu'il était enjoint aux amidonniers de n'employer, pour cet objet, que tout ce qu'ils obtenaient de plus beau, de plus blanc; il leur était aussi défendu d'exercer les professions de perruquier, boulanger et meunier, de même qu'à ceux-ci il leur était expressément enjoint de ne pas exercer ou faire exercer par leurs femmes ou leurs enfans aucune fabrication qui pût se rapporter en rien avec l'amidon, sous peine d'amende et de confiscation. Mais actuellement qu'on ne se sert de la poudre que par un reste d'habitude, que le temps et plus encore la mode feront disparaître entièrement, tous les réglemens de police qui pouvaient être relatifs à ce genre d'industrie sont tombés dans l'oubli le plus complet.

La poudre pour les cheveux, inconnue chez nos ancêtres, ne date que de trois siècles à peu près, époque à laquelle les religieuses, par contraste avec leurs habitudes présentes, en firent usage, et en propagèrent la mode, qui, de la France, se répandit généralement chez toutes les nations portant les cheveux à découvert. Les Orientaux furent et sont encore les seuls qui ne l'adoptèrent point, sans doute parce qu'ils se rasent la tête. Dans les anciens auteurs on trouve des preuves incontestables sur l'usage habituel de se teindre les cheveux par le moyen d'une poudre blonde, et de la recouvrir même avec de la poudre d'or. Quoi qu'il en soit, parmi nous, comme la poudre avec l'amidon seulement eût été trop simple, il a fallu imaginer premièrement de la *purger à l'esprit de vin*. Pour cela, on imprégnait avec l'alcool l'amidon brut, qui s'écrasait et se pulvérisait ensuite beaucoup plus facilement; en lui donnant plus de légèreté, elle crépitait aussi d'une manière beaucoup plus sensible, en la pressant sous les doigts, que l'amidon pur et simple, eût-il été réduit en poudre impalpable. Secondement, de la parfumer. Pour cela, on faisait un mélange avec le musc, la graine de lavande, l'ambre gris et le calamus aromaticus, réduits en poudre extrêmement fine, que l'on y ajoutait en quantité plus ou moins considérable, suivant le degré d'arome dont on voulait l'imprégner. Enfin, il a fallu trouver des substances aromatiques extrêmement fortes; de là est résulté l'usage de parfumer la poudre avec les teintures alcooliques des ingrédiens dont nous venons de parler.

Pour la colorer et faire de la *poudre rousse*, on a fait brûler les racines féculentes de plusieurs plantes aromatiques, telles que l'iris et beaucoup d'autres. On a employé les bois odorans, tels que celui du *laurus sassafras*, et de beaucoup d'autres substances aromatiques, venant, par le commerce, des Indes. Mais comme elles étaient trop chères, on se contenta le plus souvent de faire brûler plus ou moins l'amidon ordinaire, et lorsqu'après avoir été charbonné on le réduisait en poussière fine, pour le mélanger avec l'autre poudre à des doses plus ou moins susceptibles de fournir la couleur rousse exigée; quelquefois ce procédé ne suffisait pas, alors on y ajoutait le rocou ou toute autre matière colorante de cette espèce; mais ces procédés assez malsains, et nuisibles aux cheveux, furent abandonnés pour être remplacés par ceux-ci : d'abord on fit bouillir, dans un litre d'eau, six onces de bois de Brésil; après la demi-heure d'ébullition on tire à clair et on mélange le tout avec deux livres (un kil.) d'amidon réduit en poudre, de manière à obtenir une pâte un peu ferme; on la fait sécher pour la piler et la tamiser. On obtient de cette manière une poudre d'une belle couleur jaune chamois; et si avec la même dé-

coction on vient à mêler deux gros de sulfate d'a-
lumine (alun du commerce), et qu'on procède
de la même manière avec l'amidon, on obtient, en
le pulvérisant, une poudre d'une belle couleur
rosée qui devient plus ou moins grisâtre suivant
la quantité et la qualité de l'alun qu'on aura
employé. Avec le sulfate de cuivre (vitriol de
Chypre) la poudre devient lilas, mais il ne faut
pas la laisser exposée à l'air, car ses nuances
varieraient en raison du contact de la lumière.
Quelle que puisse être la manière adoptée pour
colorer l'amidon et en faire ensuite la poudre,
il n'est besoin, après l'opération, que d'y ajouter
les odeurs dont on veut la parfumer.

La poudre d'amidon entre presque pour moitié
dans la confection des savonnettes; il suffit de
faire fondre, dans une bassine de cuivre placée
sur un feu très doux, trois livres de savon bien
préparé par les procédés ordinaires, après y avoir
ajouté une petite quantité d'eau et coupé le savon en tranches plus ou moins épaisses, avec
addition d'une livre d'amidon mis en poudre très
fine. Lorsque le tout est réduit en une pâte homogène, on la verse sur une planche sur laquelle on a étalé d'avance une demi-livre de la
même poudre, puis on pétrit le tout ensemble,

jusqu'à ce que la pâte ait acquis une consistance convenable ; on malaxe ensuite, après avoir trempé de temps en temps la paume des mains pour empêcher leur adhérence, les boules que l'on veut confectionner avec la masse entière ; enfin, pour qu'elles soient de couleurs variées, on prépare des savons avec quelques ingrédiens qui leur donnent la teinte désirée ; on ajoute les essences dont on veut qu'elles soient aromatisées, et on les pétrit les uns avec les autres jusqu'à ce qu'elles aient acquis la forme convenable. Quelques uns emploient, pour ce dernier motif, des moules en fer-blanc taillés en rond ou en carré, de manière qu'on peut même les charger encore d'ornemens ou d'inscriptions relatifs à celui qui les fabrique.

CHAPITRE V.

DE LA POMME DE TERRE ; CONSIDÉRATIONS GÉNÉRALES.

POMME DE TERRE. *Solanum tuberosum.* Potatoe. (*Voyez page* 67, pour quelques unes de ses propriétés.) Tubercule charnu et amilacé, plus ou

moins gros, allongé ou arrondi, variable suivant
le terrain, la manière et l'espace dans lesquels
on cultive l'espèce de morelle ou solanée qui le
fournit par des racines rampantes et vivaces :
ses tiges, rameuses, herbacées, légèrement ailées
et anguleuses, en s'élevant depuis deux jusqu'à
trois pieds au-dessus du sol, portent à leur
sommet des fleurs en grappes opposées à ses
feuilles ; leur couleur rosée, jaunâtre, avec des
nuances plus ou moins foncées, tire souvent
sur le bleu ; la corolle, en étoile, a un tube très
court partagé en cinq autres qui sont triangu-
laires et plans : leur partie supérieure est cour-
bée en dessus ; ses lobes deviennent plus épais
vers leur partie moyenne et inférieure ; les étamines, au nombre de cinq avec des filamens très
courts, sont insérées dans le dessus ; les anthères,
à deux loges percées d'un trou, sont placées en
cône ; l'ovaire, glabre, libre et conique, avec
deux pilons ou rainures opposées, contient
deux loges remplies d'ovules adhérant à deux
trophospermes en saillie ; le style, cylindrique,
plus allongé que les étamines, est terminé par
un stigmate capitulé, glanduleux, à deux tubes ;
la baie en forme de cerise, qui en est le fruit,

paraît d'abord verte, et passe successivement
du jaune au violet à mesure qu'elle mûrit.

Dans ce moment, nous ne devons considérer
la pomme de terre que sous le rapport de la
fécule amilacée qu'elle contient; elle y est en
effet tellement abondante, et de si bonne qualité, que bientôt on lui donnera la préférence
sur toutes les céréales et autres substances qu'on
a employées jusqu'à présent pour la fabrication de
l'amidon; ainsi nous renvoyons tous les procédés
suivis dans les préparations de la pomme de
terre, sous le rapport des substances alimentaires et nutritives, aux articles du vermicellier,
et nous trouvons que, dès l'année 1739, l'Académie avait déjà jugé que l'amidon de la pomme
de terre, qu'elle désignait aussi sous le nom de
truffe rouge, proposé par le sieur Deghyse, faisait un empois plus épais que celui de l'amidon
ordinaire, mais que l'azur dont on se servait
pour le colorer en bleu ne s'y mêlait pas aussi
bien; cependant elle ajoute qu'il serait bon d'en
permettre l'usage, parce qu'il épargnerait les
grains dans les temps de disette. Aujourd'hui
la culture de la pomme de terre s'est tellement
et si universellement répandue, la consomma-

tion qu'on en fait dans les arts industriels est si considérable, qu'on ne cherche plus que les moyens de s'en procurer la plus grande quantité possible, et les procédés capables de les utiliser. Pour y parvenir, on a essayé diverses méthodes pour les obtenir et les conserver pendant le temps nécessaire pour passer d'une récolte à l'autre, pour les mettre à l'abri de la gelée et de l'humidité, qui leur sont extrèmement contraires. Enfin, pour prévenir toute espèce de détérioration qui en entraînerait la perte ou le mauvais emploi, il n'est aucune tentative qu'on n'ait mise à exécution.

Une assez bonne manière pour les conserver, c'est de les entasser dans une cave ou tout autre endroit à l'abri de la lumière, ainsi que du contact de l'air chaud et humide, en ayant soin surtout d'intercaler dans les pommes de terre nouvellement cueillies et amoncelées, des branchages assez épais pour les tenir séparées dans leur milieu et établir au centre du tas un courant d'air : par là, on évite leur mouvement de fermentation intérieure qui a coutume de survenir presque toujours peu de temps après la récolte faite dans un temps chaud, ou pour peu qu'elles auraient éprouvé quelque froissement dans leur transport depuis les champs jusqu'à l'endroit où elles sont déposées : dans ce cas, il faudrait toujours commencer par employer celles qui ne paraissent pouvoir être gardées plus long-temps.

On peut même, sans les sortir du champ qui les a produites, faire, comme nous l'avons observé dans plusieurs contrées du Nord, des fosses carrées plus ou moins larges et profondes, entourées de deux lits de paille de seigle, posés verticalement, dont l'intervalle qui les sépare est rempli par une couche épaisse de balle d'avoine, pour empêcher l'humidité de pénétrer. Dans le milieu de la fosse ainsi préparée, on entasse pêle-mêle toutes les pommes de terre, et à mesure qu'on peut en avoir besoin on ouvre par-dessus la fosse, dans laquelle on descend pour les extraire jusqu'à ce qu'elle soit complétement vide. Ordinairement on pratique ces fosses le plus près qu'il est possible des habitations, afin de les mettre à l'abri des voleurs ; quelques uns même les couvrent avec du chaume pour empêcher la pluie d'y pénétrer.

On a encore conseillé d'en faire des tas coniques pour les couvrir ensuite avec de la paille, sur laquelle on relève les terres qui sont autour, et lorsqu'on juge qu'elles ont assez d'épaisseur on établit une rigole circulaire que l'on dirige en pente afin de faciliter l'écoulement des eaux pluviales.

Il est un autre procédé pour la conservation des pommes de terre, qui consiste à les enfermer dans des tonneaux bien secs et sans aucune odeur, comme si on voulait y mettre du vin ; on les gerbe ensuite dans la cave pour les y préserver de la gelée. On prétend qu'elles sont beaucoup plus savoureuses, et que, bien qu'elles perdent de cette manière tous les principes de germination et de fructification, qu'elles ne vaillent rien pour être semées, il n'en est pas moins vrai qu'elles sont encore très bonnes comme substance alimentaire. Pour les tirer de là, au moment de s'en servir, on met le tonneau debout sur son fond, et après qu'il a été ouvert par le dessus, à mesure qu'on en extrait les pommes de terre, on recouvre la surface de celles qui restent, par une toile sur laquelle on jette une quantité plus ou moins épaisse de balle d'avoine, afin d'intercepter toute communication avec l'air extérieur, et surtout pour les préserver de la chaleur ou de l'humidité.

On peut aussi, pour les préserver de la gelée, lorsqu'on veut les conserver dans une ferme ou tout autre grand établissement rural, les enfermer sous les mangeoires posées contre les murs dans les étables ou les écuries, par le moyen de planches de sapin clouées sur leur longueur, et garnies dans l'intérieur avec de la paille ou de la balle d'avoine.

M. Parmentier, qui pendant toute sa vie s'est occupé des pommes de terre, veut qu'on les fasse cuire à grande eau, pour les peler lorsqu'elles sont refroidies, et les couper par tranches plus ou moins épaisses, afin de les étendre sur des toiles ou des claies, pour les faire dessécher complétement, soit à la chaleur d'une étuve, soit en les mettant au four lorsqu'on en a tiré le pain : il assure que, dans cet état de dessiccation, on peut, en les préservant de l'humidité, les conserver pendant très long-temps sans qu'elles perdent rien de leurs qualités les plus essentielles.

Il conseille encore de les râper et de soumettre à la presse la pulpe qu'on en obtient pour en exprimer toute la substance liquide qu'elles peuvent contenir, afin de partager ensuite la masse par portions plus ou moins grosses, que l'on achève de faire sécher, soit au grand air, soit dans un four ou à l'étuve, pour les réduire ensuite en poudre grossière à l'aide d'un moulin, quel qu'il soit : cette farine de pommes de terre se conserve parfaitement bien en la préservant de l'humidité.

M. de Lasteyrie veut qu'on coupe les pommes de terre par tranches avant de les jeter dans l'eau, où l'on doit les laisser macérer pendant vingt-quatre heures, temps pendant lequel on renouvelle l'eau à deux fois différentes, lorsqu'il se manifeste à la surface une écume blanche qui indique un mouvement de fermentation, et les rend aigrelettes ; par le moyen d'une cannelle placée à deux pouces au-dessus du fond du vase dans lequel on opère, on échange encore deux fois l'eau dans laquelle se trouve un peu de substance féculente qu'il ne faut pas laisser perdre. Après avoir retiré et laissé égoutter les tranches de pommes de terre qu'on a enfermées dans des sacs, on les soumet à la presse, on les retire pour les dessécher le plus promptement possible au four ou à l'étuve, et de là les faire moudre, pour en enfermer la farine dans des tonneaux bien bouchés que l'on conserve pendant très long-temps, lorsqu'elle a été préparée comme il vient d'être dit, et surtout en la tenant à l'abri de la chaleur et de l'humidité.

Dans la Livonie et la Courlande, on coupe grossièrement les pommes de terre après les avoir lavées, on les plonge ensuite pendant vingt-quatre heures dans de l'eau qu'on a rendue faiblement alcaline en la faisant passer sur des cendres de bois ; après les avoir lavées avec, et à plusieurs reprises, on procède à leur dessèchement au moyen de l'étuve ou de la chaleur du four, et de là on les fait passer de suite au moulin pour y être écrasées et blutées. On compte que sur trente parties l'on en obtient seize de farine blanche extrêmement fine, dix d'une autre un peu plus grosse : les pellicules sont évaluées à 3,75, et la perte à 25. On fait du pain avec le premier produit, en y ajoutant un tiers de son volume en farine de froment ; le second sert à la nourriture ordinaire de beaucoup d'individus, et enfin ce qui reste est pour les bestiaux.

Autrefois, si les pommes de terre venaient à geler, on ne savait plus qu'en faire ; depuis quelque temps l'expérience a prouvé qu'on pouvait encore en extraire de la fécule aussi abondamment que si elles étaient dans leur état na-

turel. Le procédé à suivre consiste à faire
tremper le tubercule gelé dans de l'eau ordinaire,
avant même d'attendre qu'il soit dégelé par la
température, pour le râper ensuite et en soumettre tout ce qu'on peut en obtenir à la fermentation, qui ne survient que lorsque la congé-
lation cesse entièrement.

Pour en faire de l'amidon, on jette dans l'eau
les pommes de terre gelées après les avoir broyées
et écrasées en les pilant dans un mortier ; on les
y laisse se putréfier, puis on les pile encore une
seconde fois ; avec la pâte qui résulte de ces
deux opérations, on fait des pains minces et
aplatis, que l'on fait sécher ensuite au soleil pour
en détacher la fécule amilacée. Après avoir réduit
le tout en poudre fine, on fait la séparation de
l'amidon qui en provient, et qui est presque
toujours d'une blancheur aussi remarquable
qu'elle est éblouissante.

Quelle que soit la manière dont on fasse dégeler les pommes de terre, si on les soumet ensuite à l'action d'une presse un peu forte afin
d'en séparer tout ce qu'elles peuvent contenir
de liquide, si on les laisse déposer pendant
quelque temps, la fécule se précipite spontané-
ment, il n'est plus difficile de la séparer par dé-

cantation. Quant au marc, on le coupe, on le met sur des claies, on le fait sécher ; après l'avoir réduit en poudre fine par le moyen de la meule d'un moulin, on en obtient une farine qui peut être ajoutée par quart et par cinquième à celle du froment.

Toutes pommes de terre qui ont été gelées, si on les laisse exposées par couches peu épaisses en plein air, finissent par se dessécher à la longue, sans qu'elles paraissent subir une décomposition bien marquée ; elles sont, au contraire, devenues assez dures pour pouvoir être moulues et fournir une farine d'assez bonne qualité, quoique médiocre.

On assure avoir essayé de planter des pommes de terre qui auraient été gelées après les avoir au préalable fait dégeler lentement dans de l'eau ordinaire à la température atmosphérique, et après les avoir soumises à la presse pour en extraire toute l'eau qui s'y trouvait surabondante. Les procédés de culture ont été les mêmes que pour les autres, les pousses s'étant montrées vigoureuses, la récolte a été à peu près aussi abondante qu'avec celles qui n'auraient pas été gelées ; mais la pomme de terre plantée dans l'état qui vient d'être rapporté est très difficile à re-

trouver, il ne reste qu'une pellicule extrêmement mince qu'on eut de la peine à reconnaître.

Si, comme le dit M. Parmentier, l'amidon pur
est une substance parfaitement neutre, blanche,
insipide, inodore, douce et froide au toucher,
inaltérable à l'air, sèche et pulvérulente, d'une
finesse, d'une ténuité et d'une division extrême,
insoluble à froid, tant dans les liqueurs aqueuses
que spiritueuses et acides, prenant une forme et
une substance gélatineuse en bouillant avec l'eau,
et ne donnant dans la distillation que des produits acides et huileux, celui de toutes les
plantes âcres, caustiques, odorantes et colorées,
ne diffère point de celui des racines et des semences douces et savoureuses; toujours il est
sain, blanc et inodore; il assure ensuite qu'il est
facile de le reconnaître partout en faisant brûler
la substance dans laquelle il est soupçonné; elle
développe, avant la combustion, une fumée
épaisse dont l'odeur est semblable à celle du
pain grillé. Tel est assurément celui de la pomme
de terre.

Pour l'extraire de ces tubercules, il ne faut
d'abord que les bien laver afin d'en ôter la terre
qui aurait pu y rester attachée, ensuite on les
pèle, on les râpe, on les réduit en poudre, dans

un vase où il y a de l'eau ; on lave ces râpures dans plusieurs eaux , que l'on fait écouler doucement. Lorsque la matière est précipitée après plusieurs lotions, elle paraît avoir beaucoup de blancheur et de finesse; c'est l'amidon ; il ne faut plus que faire sécher.

Mais il est beaucoup plus abondant dans la fécule du froment, c'est pourquoi ce dernier a toujours eu la préférence sur toutes les autres plantes qui le fournissent, et qu'on a toujours vainement essayé de lui substituer, car la belle farine, celle qui est la plus blanche, est presque tout amidon.

Quoi qu'il en soit, si pour opérer sur de petites quantités de pommes de terre il suffit d'avoir une râpe plus ou moins forte en tôle ou en fer-blanc, et de quelques terrines pour les lavages; pour opérer en grand, ce n'est plus la même chose: on a besoin d'ustensiles établis sur des dimensions proportionnées à la quantité des produits qu'on désire obtenir, et susceptibles en même temps d'épargner la main-d'œuvre.

Pour en laver une grande quantité à la fois, on établit un cylindre creux, percé de trous dans le pourtour, et tournant sur son axe surmonté d'une trappe par laquelle, au moyen d'une trémie, on fait passer les pommes de terre jusqu'à ce qu'il soit à peu près rempli, et de manière qu'elles puissent rouler sur elles-mêmes pour se dépouiller du peu de terre qui en recouvre la surface, en passant à travers l'eau contenue dans un cuvier sur lequel tourne le cylindre; lorsqu'on les juge assez nettoyées, on enlève le tout hors du cuvier, on ouvre la trappe et l'on remplit de nouveau le cylindre après qu'il a été vidé : l'eau est changée quand elle est trop chargée de terre par suite de lavages successifs.

Pour les réduire en pulpe, c'est-à-dire pour déchirer toutes les parties fibreuses du végétal, toutes les parties réticulaires qui tiennent sa fécule enveloppée, les meilleurs instrumens pour y parvenir sont ceux qui peuvent les comminuer le plus promptement possible, et en faire une pâte aussi fine qu'elle doit être homogène. Pour cela, on a recours à la râpe de *Burette. Voyez* la fig. 1 de la pl. sous le titre *Pomme de terre.*

Tout le mécanisme est disposé sur l'assise supérieure d'un bâtis solide en chêne *a b c d;* un cylindre *e* de deux pieds de diamètre et huit pouces de hauteur plein, en pierre dure, traversé par un axe qui repose sur les deux côtés longs du bâtis, est garni sur toute sa circonférence de

lames de scie de sept pouces de long, au nombre
de cent vingt-huit, parallèles à l'axe, et séparées
par des tasseaux en bois. Les lames et les tas
seaux sont fortement fixés sur le cylindre à
l'aide de vis en fer qui sont entrées dans deux
cercles en plomb, coulés dans les rainures de la
pierre, et tout ce système est maintenu à l'aide
de deux cercles de fer qui serrent chacune des
extrémités des tasseaux et des lames. L'axe du
cylindre porte à l'un de ses bouts un pignon en
fer de seize dents qui engrènent dans celles
d'une roue pareillement en fer entaillée de cent
vingt dents; une manivelle adaptée à chacune
des extrémités de l'axe de cette roue suffit à deux
hommes pour mettre le cylindre en mouvement.
Une sorte d'auge en bois F inclinée est placée
sous le cylindre; elle reçoit la pulpe produite
par la râpe, et par sa pente la conduit dans un
baquet G ou tout autre récipient analogue. Sur
la face antérieure du bâtis et près de la circonférence du cylindre est ajusté un volet H en bois
mobile sur deux tourillons, de manière à repré-
senter en creux la forme du cylindre et à toucher presque celui-ci par sa partie inférieure;
il reçoit de l'axe du pignon, à l'aide d'un excen
trique I et du contre-poids J, qui l'attirent par

des cordes K, un mouvement de va-et-vient qui
ouvre alternativement une plus grande entrée
aux pommes de terre et les presse contre le cylindre. L'écartement de ce volet est limité, et par
suite l'ouverture qu'il présente aux pommes
de terre, par une traverse en bois L contre laquelle il peut s'appuyer dans son recul. Toutes
les parties de cette machine qui surmontent le
bâtis sont recouvertes d'une cage en planches
minces M N O, vue en coupe dans la figure. Cette
enveloppe, divisée en deux par des cloisons,
forme à l'arrière une caisse M N P dans laquelle
on peut placer 50 kilog. de pommes de terre;
l'enfant qui ordinairement sert la râpe, les prend
une à une pour les jeter dans l'ouverture N O,
d'où elles tombent près du cylindre.

Cette râpe, tournée par deux hommes relayés
par un troisième, peut réduire en pulpe de 2,500
à 3,000 kilog. de pommes de terre en douze heures de travail; elle en fait plus ou moins suivant
qu'elles sont venues dans un terrain sec ou humide ou pendant une saison chaude ou plu-
vieuse; elles offrent plus ou moins de dureté;
la pulpe qu'elles donnent est toujours extrêmement fine. Les réparations de cette râpe consistent à remplacer, pour l'affûtage, les lames de

scies dentées qui arment son cylindre, et leur disposition les rend extrêmement faciles.

Pour laver la pulpe ainsi déchirée, commi-nuée par la râpe, on la pose sur des tamis de crin d'environ deux pieds de diamètre, placés sur des baquets et soutenus par le moyen d'une barre transversale, remplis aux deux tiers à peu près; elle est plus ou moins fortement compri-mée, retournée avec les mains par l'ouvrier, qui l'entretient continuellement sous un filet d'eau fourni par un robinet ouvert par-dessus, ou bien encore mieux, en tenant le tamis plongé jusqu'à moitié dans l'eau qui délaie et sépare toutes les parties féculantes; le résidu est mis de côté; peu à peu les baquets sur lesquels on a tamisé se remplissent, il suffit alors d'attendre pour que la fécule se précipite; et pour décanter l'eau qui la recouvre, on adapte des robinets ou des chevilles dans le baquet, qui, placées à des hauteurs différentes, permettent de la débar-rasser quand on le juge à propos.

Le dépôt de la fécule devient de plus en plus épais, il forme une masse compacte que l'on en-lève en la coupant pour la placer sur des filtres en toile enfermés dans des trémies de bois; là elle achève d'égoutter, elle se dessèche complétement; on brise les pains pour réduire le tout en poudre plus ou moins fine, que l'on conserve dans des sacs. Elle contient cependant encore à peu près 33 parties d'eau après l'égouttage, c'est pourquoi on doit la consommer autant que possible sur les lieux, et peu de temps après qu'elle a été terminée. Celle que l'on a destinée pour la préparation des substances alimentaires doit être beaucoup plus lavée, et tamisée avec beaucoup plus de soin que l'autre qui est réservée pour les arts industriels.

La dessiccation de la fécule devra être poussée jusqu'au plus haut degré possible lorsqu'elle sera destinée à voyager au loin, ou qu'elle devra être conservée pendant très long-temps ; c'est pourquoi on la met pendant quelque temps à l'étuve : mais, au lieu de l'étendre sur des toiles, on l'étale sur des tablettes en sapin très minces, autour desquelles sont clouées des tringles de deux pouces de hauteur pour la retenir et l'empêcher de tomber. Quoique variable suivant les terrains, les qualités de la pomme de terre, ses espèces, et les saisons où elles ont été récoltées, la quantité de fécule a été évaluée, en fabrique, à trente kilogrammes, lorsqu'elle est encore humide (on la désigne alors sous le nom de *fécule verte*), et à vingt kilog. lorsqu'elle a été complétement desséchée : on doit essayer sur des petites quantités le résultat présumé que l'on obtiendrait, en mettant en œuvre une espèce plutôt qu'une autre pour la fabrication de la fécule amilacée qu'elles doivent fournir.

Le marc, long-temps regardé comme de nulle valeur, contient encore quelques produits qu'il ne faut pas rejeter ; le plus ordinairement on le donne comme nourriture aux vaches et aux cochons : mais il a été reconnu que l'eau qu'il renferme encore est trop abondante, et qu'il leur était beaucoup plus nuisible que profitable. C'est pourquoi l'on a proposé de le soumettre à la presse pour en extraire toute la partie liquide, pour le faire cuire ensuite à la vapeur ; dans cet état, si on le réduit en poudre, après l'avoir fait dessécher, si, lorsqu'on agit sur une masse considérable, on le fait passer au moulin, la farine qu'il donne est grisâtre lorsque les pommes de terre ont été pelées d'avance ; elle est un peu plus foncée lorsqu'elles ne l'ont pas été : on assure même qu'avec son mélange dans de la farine de froment, on peut en faire du pain bis très nourrissant. Un agronome conseille de mêler deux parties de farine d'orge, une de celle de froment, et une de celle de pommes de terre qu'on obtient par le marc de la fécule, et il assure que non seulement le pain est bon à manger, mais qu'on peut encore le conserver pendant très long-temps dans son état de fraîcheur.

Pour tirer parti des fécules salies par des matières étrangères, et lorsque, par des lavages successifs, on ne peut les enlever, M. Samuel Hall conseille d'avoir recours au procédé suivant, qui ne laisse pas que d'avoir une très grande utilité ; car l'amidon extrait de quelques plantes que ce soit ; celui des céréales comme celui des pommes de terre, ne peut être employé dans les arts pour l'apprêt des tissus, à moins qu'il ne soit d'une blancheur éblouissante. Son procédé consiste à délayer du chlorure de chaux bien préparé (c'est-à-dire suffisamment saturé de chlore ; et pour le besoin des arts industriels comme de l'économie domestique, il doit marquer de quatre-vingt-dix à cent degrés au chloromètre de M. Gay-Lussac : on trouve cette substance si utile dans le blanchîment et la désinfection chez MM. Payen, Ador et Bonnaire, rue du Faubourg Saint-Martin, n° 43, au prix de 1 franc 50 cent. le kilogramme, et au degré ci-

16

dessus indiqué), dans cinq à six fois son poids
d'eau ordinaire, après l'avoir laissé déposer
Après avoir tiré la liqueur à clair, et répété
plusieurs fois de suite la même manœuvre pour
achever de dissoudre le chlorure, on réunit toutes
les solutions limpides : ordinairement on en emploie cinq à six centièmes pour blanchir l'amidon davantage, suivant le besoin, et de la ma
nière suivante :

Après avoir délayé l'amidon dans trois fois son
poids d'eau, lorsqu'il est encore en suspension,
on verse dans le mélange cinq à six centièmes
de son poids de l'eau chargée de chlorure; on
agite le tout, et on laisse déposer. On recommence deux ou trois fois cette manœuvre en une
demi-heure; on décante, on garde même cette
eau qui a servi pour le même usage; puis, après
avoir versé de l'eau nouvelle sur l'amidon, après
l'avoir brassé et déposé, on tire à clair; on réi-
tère aussi souvent que le besoin l'indique tous
ces lavages et décantations, jusqu'à ce que l'a-
midon ne conserve plus aucune odeur du chlore.
Pour le faire sécher ensuite à l'étuve ou au soleil, il est important de faire disparaître entièrement tout le chlorure de chaux; car, bien que
la blancheur de l'amidon soit remarquable, s'il

restait encore quelques particules de chlore, le bleu d'indigo qu'on ajoute dans les apprêts serait altéré, et par la suite, au lieu d'avoir une teinte blanche et éclatante, elle deviendrait jaunâtre : on sait que la pâte du papier mal lavée, lorsqu'elle a été blanchie par le chlorure de chaux, ne peut faire que du papier dont il n'est pas possible de se servir pour les estampes qui doivent être coloriées, parce que le chlore détruit les couleurs tendres dont les enlumineuses ont habitude de se servir.

M. Vauquelin, en faisant, pour la Société d'Agriculture, l'analyse de la pomme de terre, qu'il a répétée sur quarante-sept espèces différentes, a recherché d'abord quelle pouvait être la quantité d'eau qu'elles renfermaient; il a reconnu qu'elle était très variable, puisque onze d'entre elles perdirent les deux tiers de leur poids d'eau, dix autres allèrent jusqu'aux trois quarts, et six jusqu'aux quatre cinquièmes; il a remarqué qu'elles fournissaient aussi des quantités différentes d'amidon, que les proportions de ce dernier variaient depuis un huitième de leur poids jusqu'au quart; il a observé enfin que tout l'amidon ne pouvait pas être retiré du parenchyme, que celui-ci en retenait toujours une

certaine proportion qu'il a évaluée des deux tiers
aux trois quarts. (*Voyez* le tableau du *Manuel
du Boulanger*, p. 296.) Il y a trouvé, en outre,
de l'albumine colorée les sept millièmes du poids
du végétal; du citrate de chaux les douze millièmes; de l'asparagine, au moins un millième;
une résine amère, aromatique, cristalline; du
phosphate de potasse et de chaux, du citrate de
potasse, de l'acide citrique, une matière animale
particulière qui peut être évaluée de quatre à
cinq millièmes. (*Voyez* les *Annales du Muséum
d'Histoire naturelle*, tom. 3, pag. 241.) Et, pour
plus grands développemens dans ce qui est relatif
à toutes les variétés de la pomme de terre, con-
sultez le *Manuel du Boulanger*, pag. 292 et suivantes.

CHAPITRE VI.

EMPLOI DE LA POMME DE TERRE DANS DIFFÉRENS USAGES RELATIFS A L'ÉCONOMIE DOMESTIQUE.

Antiscorbutique. Quoique dès sa première origine la pomme de terre ait été considérée comme
un aliment nuisible et susceptible de donner lieu
à beaucoup de maladies, il n'en est pas moins

vrai que dans le moment actuel on est bien éloigné de penser de même ; et que, d'après l'expérience, l'on ne peut encore rien trouver de meilleur pour suppléer à toutes les autres substances
alimentaires, parmi lesquelles nous ne craignons
pas de la mettre au premier rang ; aussi c'est
pourquoi on la regarde maintenant comme un
des antiscorbutiques les plus puissans : cette opinion est même fondée sur ce que dans l'Inde
les naturels du pays n'entreprendraient jamais un
voyage sur mer sans être plus ou moins appro-
visionnés de pommes de terre, autant pour se
préserver de la pénurie et du manque absolu de
vivres, que pour remédier aux affections scor-
butiques lorsqu'elles viennent à se manifester.
Beaucoup d'autres voyageurs les ont essayées dans
la même intention, et leurs tentatives ont eu des
résultats aussi favorables qu'ils devaient s'y attendre ; tous assurent s'être préservés du scorbut
en mangeant les pommes de terre, soit après les
avoir fait cuire sous la cendre, soit de toute autre manière, et même sans aucune espèce d'as-
saisonnement. On assure avoir guéri par leur
usage les individus les plus affectés de cette maladie en les leur administrant préparées par la
cuisson et les assaisonnemens, et à l'effet de

remplacer par leur moyen toutes les autres préparations pharmaceutiques employées contre le
scorbut. Ne pourrait-on pas aussi l'essayer comme
prophylactique du scorbut dans toutes les circonstances autres que les voyages maritimes, en
les administrant principalement dans tous les
lieux où la disette des vivres, comme leur manque absolu, donnerait lieu au développement
de la dégénérescence scorbutique. Toutes les préparations alimentaires qu'elles fournissent dans
le moment actuel, serviraient encore à varier les
diverses tentatives des hommes de l'art qui cher-
cheraient à constater, par l'expérience, ce que
l'on aurait à attendre de positif dans les circonstances où cette espèce d'alimentation serait
mise en usage contre toutes les affections qui
dépendent principalement de cette espèce de
maladie.

Blanchissage du linge. M. Cadet de Vaux
avait pensé que les pommes de terre pourraient
remplacer avec quelque avantage le savon qu'on
emploie ordinairement pour les savonnages ;
pour y parvenir, il plaça le linge dans un cuvier qu'il remplit d'eau; au bout de vingt-quatre
heures il le fit retirer, battre et tordre ensuite
à la manière accoutumée. D'un autre côté, il fit

cuire des pommes de terre qu'il conserva cependant encore assez fermes pour qu'elles ne puissent pas être complétement écrasées ou réduites en une pulpe ou bouillie homogène ; après les avoir pelées, il mit le linge déjà échangé, comme nous venons de le dire, dans une chaudière remplie d'eau chaude et dans laquelle il le laissa l'espace d'une demi-heure pour retirer ensuite les pièces les unes après les autres, les tordre et en faire un tas ; enfin il les fit reprendre encore une fois pour les frotter partout où il en était besoin avec les pommes de terre entières, comme on l'aurait fait avec du savon ; après cela il les fit replier et rouler sur elles-mêmes, mouiller avec de l'eau un peu chaude ; après les avoir battues et froissées sur toute leur étendue avec les mains, on les replongea encore dans l'eau chauffée jusqu'à ce qu'elle fût bouillante dans la chaudière, et on laissa le tout en cet état pendant près d'une heure.

Lorsqu'il arrive que le linge est trop sale, il faut recommencer toutes les manipulations dont il vient d'être parlé une seconde fois, en le soumettant de nouveau aux frottemens avec les pommes de terre pour le rincer après dans l'eau fraîche, le tordre et le faire sécher. M. Ca-

det de Vaux a essayé ce procédé de blanchissage sur des linges de corps de toute espèce, sur
des linges de table, sur des torchons de cuisine,
des chemises et des draps d'hôpital, des tabliers
de boulanger, de brasseur, etc. Tout ce qu'il
a soumis à ses expériences a été entièrement dé-
crassé et blanchi avec la pomme de terre cuite,
il n'y restait plus aucune maculature, et il assure qu'on aurait eu de la peine à reconnaître
par quel procédé on était parvenu à le blanchir;
d'où l'auteur de ce procédé concluait que les
pommes de terre pouvaient remplacer en quelque sorte, et d'une manière aussi nouvelle qu'é-
conomique, une grande partie du savon mis en
usage pour blanchir le linge.

Briquettes. On assure qu'un fabricant de fécule, ne trouvant pas à se défaire avec avantage du *parenchyme* des pommes de terre qui lui
restait après ses opérations, se décida à l'employer d'abord comme engrais, et qu'il en ob-
tint d'assez bons résultats; et que, par la suite,
il imagina d'en faire des briquettes en le mélant
avec le charbon de terre et de bois pulvérisé, et
qu'il a complétement réussi.

Pour cela il prend cinquante parties de charbon de terre réduit en poudre plus ou moins

grossière, dix parties de terre glaise (argile grasse) et quatre-vingt-dix parties de paren-chyme; après avoir mêlé le tout ensemble avec une pelle, après y avoir ajouté un peu d'eau, si cela est nécessaire, il fait avec les mains des boules plus ou moins grosses qu'il place sur un moule pour les y faire entrer de force au moyen d'une palette; il les retire ensuite pour les faire sécher à l'air. Mises au feu, ces briquettes brû-lent d'une manière égale en répandant beaucoup de chaleur, mais leurs cendres ne valent rien. Avec les *escarbilles* ou résidu de la combustion du charbon de terre, il emploie les mêmes moyens et obtient les mêmes résultats. Quant aux bûches qu'il est parvenu à confectionner par ce procédé, rien n'est différent encore que le moule d'une dimension plus grande qu'il est obligé d'employer. Pour opérer avec le char-bon de bois réduit en poudre, il conseille de prendre cinquante parties de mélange avec cin-quante parties de parenchyme, que l'on amal-game l'un avec l'autre au moyen d'une pelle, pour le mouler avec compression dans des for-mes en fer ou en fonte, desquelles on le sort en-suite afin de le mettre sécher au grand air. Confectionnées de la sorte, ces briquettes brû-

lent d'une manière constamment égale; leur
cendre est extrêmement chargée d'alcali dont
on peut encore tirer parti, soit pour obtenir du
salin convenable aux salpétriers, soit pour augmenter la force des eaux employées pour la
lessive et pour les blanchîmens, de quelque nature qu'ils soient.

Café. On s'est attaché à publier, dans plusieurs recueils et journaux scientifiques, un procédé par le moyen duquel on assure avoir obtenu
des pommes de terre un produit analogue au
café brûlé, ou plutôt au café de chicorée. Pour
cela on mêle une partie d'huile d'olive pure, et
sans addition, avec cent vingt-huit parties de
gruau sec obtenu de la pomme de terre (ce qui
fait une once pour quatre livres), pour faire
brûler ensuite comme le café et le réduire en
poudre lorsqu'on en veut faire usage. On avoue
cependant que ce produit est bien éloigné d'avoir
l'arome du café ordinaire, mais que si l'on voulait l'obtenir, il suffirait d'en ajouter une très
petite quantité pour le lui communiquer, et
qu'enfin cela serait plus que suffisant pour
avoir, par le moyen d'une infusion bien faite et
bien conduite, une liqueur plus savoureuse et
meilleure que le café obtenu par suite d'une

ébullition mal faite ou trop long-temps continuée.

Cirage. Pour noircir les chaussures, pour leur donner ce vernis brillant qu'on a adopté plutôt par mode que par utilité bien réelle, on trouve dans le commerce une composition désignée sous le nom de *cirage;* on le préparait avec du noir de fumée délayé avec de l'eau-de-vie que l'on battait dans du blanc d'œuf, pour l'étendre ensuite sur le cuir avec un pinceau et le laisser sécher. Quoique peu coûteux, et aussi facile à préparer qu'à employer, on a été forcé de l'abandonner à cause de ses inconvéniens, car, par les temps secs, il s'écaillait dans tous les replis du cuir; par l'humidité il se délayait de manière à ce qu'on ne pouvait rien approcher sans en laisser des traces plus ou moins marquées. On le remplace actuellement par un autre, qui est composé de noir d'ivoire ou de charbon provenant des os brûlés, broyé avec de l'eau, de mélasse, d'acide sulfurique, d'acide hydrochlorique, de vinaigre, de gomme du pays et d'huile d'olive ou d'huile de lin; on y ajoute même un peu d'huile essentielle aromatique.

En France comme en Angleterre cette fabrication a pris un tel degré d'accroissement que l'on a recours aux machines à vapeur pour le confectionner; et, depuis plusieurs années, M. Payen a indiqué pour le faire le procédé suivant, qui est non seulement plus économique, mais qui donne encore un cirage bien meilleur que tous ceux qui l'avaient précédé. Un de ses grands avantages est de remplacer la mélasse et la gomme par la fécule, ou les pommes de terre converties en matière sucrée par le moyen de l'acide sulfurique (huile de vitriol).

On prend trois mille cinq cents grammes de noir d'ivoire, autant de fécule sèche, ou quatorze kilog. de pommes de terre, quatre cent cinquante grammes d'acide sulfurique à 66 degrés, autant d'acide hydrochlorique, dix-sept cents grammes de vinaigre, et deux cents grammes d'huile d'olive ou de lin.

On délaie la fécule, ou la pomme de terre cuite et écrasée, dans l'eau chaude à 45 degrés, puis on la verse peu à peu dans l'acide sulfurique étendu de six fois son poids d'eau, en ayant soin d'agiter continuellement pour ne pas arrêter l'ébullition; trois ou quatre minutes après la dernière addition, toute la masse est convertie en matière sucrée; on enlève la bassine de dessus le feu pour l'empêcher de brûler et

de faire du caramel : on laisse ensuite refroidir.
Pendant ce temps on délaie le noir dans l'eau,
on y mêle peu à peu l'acide hydrochlorique avec
une spatule de bois, on verse ensuite peu à peu
toute la liqueur sucrée, acide, ensuite le vinaigre
et l'huile, enfin de l'eau, jusqu'à ce que le tout
fasse une masse de dix-sept litres que l'on partage en soixante-dix bouteilles de quart de litre :
il faut avoir soin, à mesure qu'on met le cirage
dans la bouteille, d'agiter continuellement pour
empêcher la séparation et le précipité des parties qui sont toutes de densité bien différente.
Lorsqu'on s'en sert, avant de l'appliquer sur le
cuir, il faut répéter la même chose; mais pour
peu qu'on doive le faire voyager, pour peu qu'il
soit obligé de séjourner dans une boutique ou
ailleurs avant que de s'en servir, comme ce cirage est très susceptible de fermenter, il est par
conséquent très susceptible aussi de casser les
bouteilles. Pour prévenir tous les inconvéniens
qui en résultent, il suffit de ne pas les remplir
entièrement et de les soumettre à une ébullition
continuée pendant quinze à vingt minutes; alors
les bouteilles, remplies au neuf dixièmes de leur
capacité seulement, ne sont plus sujettes à casser.
Ce cirage étendu sur le cuir par couches minces,

17

frotté encore humide par le moyen d'une brosse un peu rude, devient d'un beau noir et extrêmement brillant, quelle que soit l'humidité de l'air; son adhérence est telle qu'il n'est point enlevé par le contact des corps environnans: jamais il ne s'écaille, même dans les plicatures du cuir, parce que l'acide hydrochlorique qui entre dans sa composition forme un sel déliquescent qui en entretient la souplesse.

Colle de pâte. Parmi les personnes qui ont indiqué la préparation d'une colle de pâte confectionnée avec la pomme de terre, on compte surtout M. Cadet de Vaux; il paraîtrait même qu'il a été un des premiers qui l'aient imaginée. On la fait en s'y prenant de la manière suivante. Après avoir lavé et nettoyé les pommes de terre, on les réduit en poudre en les râpant sans les peler, au moyen d'un cylindre de tôle percé de trous dont les bavures sont en dehors. On étend, dans deux litres et demi d'eau ordinaire, une livre de la pulpe que l'on fait bouillir pendant quelques minutes en agitant continuellement. Après avoir retiré du feu, on y ajoute une once d'alun en poudre fine que l'on mêle bien exactement en délayant d'abord dans une petite quantité de liquide. Avec un boisseau de pommes de terre on obtient cent cinquante livres de colle moins chère que celle de farine, et tout aussi bonne, sans mauvaise odeur, et susceptible de se conserver pendant dix à douze jours exposée à l'air sans éprouver aucune altération marquée. Si, au lieu d'alun, on y ajoute un trois ou quatre centième de muriate de chaux, on peut en faire du *parou* propre aux tisserands pour encoller la chaîne de leur toile. La déliquescence du sel qu'on y ajoute ne peut servir qu'à empêcher la dessiccation du fil, et par conséquent entretenir la facilité de leur travail beaucoup plus long-temps que par les moyens ordinaires.

Encollages. Comme nous venons de le voir, les tisserands, pour renforcer la chaîne et la faire résister aux frottemens du peigne et de la navette, ont coutume de l'enduire avec un encollage qu'ils nomment encore *parement* et *parou*, qui doit être d'autant plus blanc que le fil dont ils se servent doit être lui-même d'une blancheur quelquefois éblouissante. Quoique avec la fécule ou avec les pommes de terre il soit possible d'y parvenir, cependant l'on désire encore qu'ils soient hygrométriques, c'est-à-dire qu'ils puissent attirer l'humidité répandue dans l'atmosphère qui les environne, partout où l'on travaille ailleurs que dans les caves. Il n'y avait encore jusqu'à présent que la farine du petit millet (*phalaris cananiensis*) qui fût reconnue pour remplir l'objet proposé, mais son prix excessif empêchait d'y avoir recours. M. Dubuc imagina d'ajouter au parement que l'on prépare avec la farine, la fécule, l'amidon, une certaine quantité d'hydrochlorate de chaux pour les rendre suffisamment hygrométriques, et l'expérience a prouvé l'excellence de l'encollage ainsi que l'économie en le comparant avec l'autre.

Pour faire celui-ci on prend une livre de fécule de pommes de terre, une once de colle de Flandre et une once de chlorure de chaux; on délaie la farine ou la fécule dans l'eau qu'on fait bouillir; on y ajoute ensuite la colle détrempée pendant douze heures dans l'eau froide, et dont on achève la dissolution en la faisant aussi bouillir pendant quelques minutes; on y verse ensuite la solution d'hydrochlorate de chaux: après avoir remué et mêlé le tout ensemble on retire du feu, et l'encollage se trouve tout prêt à être employé. On augmente les proportions d'hydrochlorate dans les temps très secs.

Eau de végétation. Toutes les parties aqueuses contenues dans la pomme de terre devant être

considérées comme une solution de substances
végétales salines, il n'est pas étonnant qu'on les
ait employées pour servir d'engrais. A Genève,
M. Pictet s'en étant occupé d'une manière particulière, a reconnu que l'eau de pommes de terre
jetée sur du gazon en avait singulièrement ac-
tivé la force végétative, que l'herbe avait poussé
d'une manière beaucoup plus vigoureuse partout où elle avait été répandue ; aussi toutes les
eaux qui proviennent de la fabrication de la fécule, et qui sont presque toujours perdues, ra-
massées dans des tonneaux, pourraient être répandues sur les prairies artificielles, sur les blés
nouvellement semés.

On a encore employé l'eau de végétation des
pommes de terre pour teindre en gris; pour cela
on en râpe une certaine quantité, on en soumet
la pulpe à la presse et l'on recueille tout le liquide qui peut en sortir; après l'avoir mis dans
une bassine et fait bouillir, on immerge le fil ou
le coton; après avoir continué pendant quelque
temps l'ébullition, on le retire coloré en gris.
Cette teinture, sur laquelle l'eau de savon, aussi
souvent répétée qu'on le désire par des lavages
successifs, ne peut avoir aucune action, a été
soumise à beaucoup d'épreuves qui n'ont fait

que confirmer les résultats qu'on obtient dans plusieurs fabriques de calicots et de nankins français.

La fleur de la pomme de terre contient aussi une matière colorante; pour l'obtenir, on coupe le haut de la tige lorsque la plante est en pleine floraison; on réduit en pulpe toutes les sommités recueillies, que l'on enferme dans un sac de toile pour les soumettre à la presse. Le liquide qui en sort, après quelques instans de repos s'éclaircit; on le fait chauffer, et l'on y plonge la toile, le fil, le coton, même du drap, que l'on y laisse macérer pendant quarante-huit heures; au bout de ce temps on le retire, et après l'avoir lavé on le fait sécher. Suivant l'auteur de cette découverte, les substances soumises à l'action de cette teinture prennent une belle couleur jaune, aussi solide qu'elle est durable, et si on les immerge dans une autre couleur bleue, elles deviennent d'un beau vert.

En Angleterre, on emploie aussi le liquide contenu dans les pommes de terre pour nettoyer beaucoup d'étoffes, et particulièrement les tissus de coton, de laine et de soie.

Maçonnerie. On a employé la pomme de terre dans les travaux de maçonnerie, en l'incorporant avec le plâtre ordinaire, de manière à obtenir un enduit très peu sujet aux altérations et avaries que la vétusté y détermine toujours. Des parties de murailles réparées plusieurs fois de suite, et en très peu de temps, suscitèrent à M. Cadet de Vaux l'idée de mêler la pomme de terre cuite et écrasée avec le plâtre qui devait servir à leur enduit. Ce mélange a résisté longtemps à toutes les causes de détérioration en conservant une grande dureté, et malgré qu'il fût couvert par du nitrate de chaux en effervescence. Après cette première tentative, il résolut de construire une chaumière pour servir à l'ornement d'un jardin, avec un mortier d'argile et de pommes de terre cuites délayées dans l'eau. La construction, exécutée avec des perches et des claies de bateaux, parut d'une solidité capable de résister à toutes les intempéries, à l'aide de cet enduit argileux.

Mélange avec le beurre, le fromage. Dans plusieurs contrées de l'Allemagne, on parvient à économiser le beurre et à le rendre plus nourrissant en le mélangeant avec de la pomme de terre cuite par les procédés ordinaires. Après les avoir épluchées, après les avoir réduites en pâte, on les délaie avec la crème destinée à faire le

beurre, lorsqu'après avoir battu le tout de manière à le rassembler, on le lave dans l'eau fraîche,
comme d'habitude, puis on y ajoute du sel en
suffisante quantité, pour le conserver pendant
plus ou moins long-temps.

En ajoutant la pomme de terre au fromage,
comme on le fait en Saxe, on parvient à le rendre
beaucoup plus nourrissant et plus facile à digérer.
On y arrive par le procédé suivant : Après avoir
fait cailler le lait et l'avoir laissé égoutter pendant quelques heures, on épluche des pommes
de terre choisies et bien cuites, que l'on écrase
en les broyant aussi fin que possible, de manière
à passer à travers les trous d'un crible extrêmement serré; on broie ensuite cette pomme de terre
avec le caillé jusqu'à ce que l'amalgame soit
complet; après l'avoir laissé reposer pendant
deux ou trois jours, on pétrit encore une fois
pour l'entasser dans des moules en bois ou des
formes confectionnées de toute autre manière, et
le conserver à l'abri de la lumière et de l'humidité.

C'est encore en amalgamant la pomme de terre
avec la graisse que l'on arrive à frauder dans le
commerce toutes celles qui sont destinées à la
fabrication du savon. Pour le reconnaître, on

en fait fondre au bain-marie une quantité bien connue par le poids; après l'avoir laissée séjourner quelques heures dans son état de fusion, la pomme de terre se précipite très facilement dans le fond du vase, et par le refroidissement on la sépare pour en évaluer la quantité.

Nitrières artificielles. On a essayé de faire des couches avec les fanes de pommes de terre, prises au moment de la récolte ou mélangées avec du vieux ciment, de la terre et des platras, et l'on en a obtenu du nitrate de potasse. Pour y parvenir, voici les proportions indiquées par M. Dubuc de Rouen : Prenez deux cents parties des fanes de la pomme de terre ou toute autre plante où l'azote existe; hachez-les grossièrement ensuite avec soixante-dix parties de vieux ciment, cent soixante parties de terre un peu siliceuse et soixante-dix de vieux platras; mêlez les plantes; faites des couches de deux pieds d'épaisseur sur trois ou quatre pieds de long en commençant par quatre pouces de terre, et en la terminant de même; arrosez pour l'humecter : abandonnée pendant deux mois, cette couche s'affaisse, se colore en brun et exhale une odeur fade et nauséabonde. Deux mois après on la retourne pour l'arroser encore; six mois après on recommence la même opération ; enfin au bout de deux ans on lessive ; toute la masse est imprégnée de nitrate de potasse : il assure que cent livres de fanes peuvent en donner pour le moins deux kilogrammes.

Nourriture des bestiaux, leur engrais. Pour les bœufs que l'on doit engraisser, comme cela ne se fait qu'au moment où ils ne travaillent pas, et qu'il convient d'abréger autant que possible ce temps, on doit choisir la nourriture la moins coûteuse et la plus convenable ; c'est pourquoi l'on a recours au marc de betteraves dans les fabriques de leur sucre, mais comme elles ne sont pas encore assez multipliées on y supplée par les pommes de terre, surtout dans les premiers mois après qu'elles viennent d'être arrachées ; mais comme il est impossible de les conserver assez long-temps, on y supplée d'une manière avantageuse avec le gruau desséché et fait avec la pomme de terre, qui est encore beaucoup moins coûteux que toutes les autres farines aux-quelles on pourrait avoir recours.

Chevaux. On a employé la pomme de terre pour la nourriture des chevaux, mais il ne con-vient pas de la leur donner crue ; ils la mangent difficilement, outre qu'elle est beaucoup moins nourrissante; de l'irritation qu'elle leur occasionne dans tout le trajet de l'intestin, il résulte des accidens plus ou moins marqués. Il convient donc de la faire cuire à la vapeur, de la faire ensuite refroidir pour la leur donner à une température de vingt à vingt-cinq degrés. Enfin, pour en obtenir un résultat plus avantageux, on les triture dans un mortier, on les granule en les passant au crible de fer, et avec la moitié ou le tiers de paille ou de foin haché menu, on fait un mélange qui les leur fait beaucoup plus rechercher que de toute autre manière. Il convient aussi de choisir pour la nourriture des chevaux toutes les espèces qui contiennent le plus de matières féculentes, celles qui sont le plus farineuses; la quantité qui est nécessaire à un cheval est évaluée depuis cinq jusqu'à quinze kilog. pour un jour, toujours relativement à sa force, à sa corpulence et au genre de travail auquel il est assujetti. On a même calculé que dix livres de bon foin pourraient être remplacées par le double de pommes de terre.

Cette nourriture, adoptée pour les chevaux, nécessite les plus grands soins de propreté; comme elle fermente assez facilement, elle communique aux vases dont on se sert une odeur

acidule qui leur donnerait de la répugnance;
ainsi on ne leur administrera juste que ce qui
leur en faut : il vaudrait même mieux compléter
la ration par de l'avoine, du son, ou toute autre
espèce de fourrage, que de leur en trop donner
pour qu'il en reste. Les mangeoires doivent être
lavées avec de l'eau seule toutes les fois qu'on y
met de nouvelles pommes de terre, et les vases
dans lesquels on les prépare ne doivent jamais
servir pour les faire boire; tous les quinze jours
l'auge sera nettoyée avec de l'eau salée. Les
jeunes chevaux, pour s'y habituer, éprouvent
des coliques plus ou moins fortes, suivant leur
état et leur complexion particulière; on les fait
cesser par la saignée et les lavemens. En général
toutes les précautions qui viennent d'être énumérées sont inutiles, si on remplace la pomme
de terre par le gruau sec, qui, dans tous les
temps, peut suppléer au foin ainsi qu'à l'avoine,
ne fût-ce que parce qu'il n'est point enveloppé
d'une substance corticale aussi dure, aussi difficile
à digérer, et dont l'action principale est toujours
sentie par l'estomac. Ainsi en administrant la
pomme de terre comme nourriture pour les chevaux, toutes les fermes situées sur des lieux
élevés, dans lesquels les fourrages manqueraient,

seraient à l'abri de la disette et elle permettrait de
les employer à leur culture plutôt que des bœufs,
parce qu'ils consomment beaucoup moins de
vivres, et qu'en hiver surtout on peut en tirer
un bien plus grand parti.

Quoi qu'il en soit, la question économique est
facile à résoudre, d'après la connaissance des
produits d'un terrain cultivé en pommes de terre
ou en fourrages; car dans un hectare de bon
terrain on récolte deux cent soixante-quinze hectolitres de pommes de terre, qui pèsent environ trente mille huit cents kilog. La même
superficie, quel que soit le fourrage qu'on puisse
y cultiver, ne donne que de cinq à dix mille kilog.;
et sous le rapport de la matière nutritive, elle
monte à quinze mille kilog.; la différence en faveur des pommes de terre est donc de plus de
moitié. Ainsi, à superficie égale, avec elles on obtient le double qu'avec les fourrages, et si on
compare encore avec l'avoine, l'avantage est
beaucoup plus considérable.

Chiens. On a même proposé de remplacer le
pain que mangent ces animaux par des pommes
de terre cuites et écrasées dans la saison favorable, et par sa farine conservée pour celle où
elles viendraient à manquer ou à ne plus être

18

bonnes; car on sait combien ils doivent coûter à nourrir, par la quantité immense qui s'en trouve répandue chez les particuliers qui les possèdent par luxe, par besoin ou par fantaisie.

Cochons. Partout on a donné et l'on donne encore la pomme de terre crue et coupée par quartiers comme nourriture aux cochons ; souvent on la mêle avec tous les résidus des laiteries, des cuisines, avec des eaux plus ou moins chargées de son ou de recoupe ; mais elle ne leur profite pas autant que lorsqu'on la fait cuire pour l'écraser et la délayer de la même manière ; enfin, pour les engraisser très promptement, on réduit la pomme de terre en farine, on la mélange avec partie égale de farine d'orge ou de recoupe et remoulage de blé. Alors, dans le cas dont il s'agit, on emploie la substance nutritive de la plante dans toute sa plénitude, ce qui est bien préférable.

Lapins. Pendant l'hiver, lorsque les herbages qui servent à les alimenter deviennent rares, lorsque l'avoine, le foin, le son, viennent à manquer, on y substitue la farine de pommes de terre brute, mélangée avec un peu de sel ; mais il faut avoir soin de leur donner à boire. Nourris de cette manière, les lapins deviennent gras et bons à manger en très peu de temps, et sont infiniment meilleurs au goût qu'avec toute autre espèce d'alimentation.

Moutons. En tout temps et en tous lieux, le gruau de pommes de terre bien préparé, et surtout en y ajoutant un peu de sel, peut servir non seulement à nourrir, mais encore à engraisser les moutons; ils acquièrent une chair aussi bonne qu'agréable à manger, pour peu qu'ils soient nourris pendant quelque temps par ce moyen.

Volailles. Il résulte des expériences de M. Cadet de Vaux qu'il suffit de trente livres de gruau de pommes de terre pour nourrir pendant vingt-quatre heures une centaine de poules; il est alors très facile de calculer le prix des œufs qu'elles peuvent donner. Les canards, les dindes, les oies le mangent aussi avec avidité, et il les engraisse très promptement; pour l'utiliser dans l'éducation des jeunes, il faut le leur donner dans la grosseur du chenevis : de temps en temps il convient d'y ajouter d'autres grenailles, ne fût-ce que pour entretenir ces animaux dans l'état de force et d'activité nécessaire à la ponte et aux couvées, comme lorsqu'on veut les engraisser il devient encore très utile de les tenir chaudement à l'abri de la lumière, et de les empêcher de courir.

Peinture. Avec la pomme de terre on obtient une peinture très économique, dont on se sert pour badigeonner les murailles partout où il en est besoin. Le procédé consiste à faire cuire la pomme de terre, n'importe de quelle manière; après les avoir épluchées on les écrase lorsqu'elles sont encore chaudes, et l'on fait passer la bouillie au tamis métallique; on y ajoute quatre fois leur poids d'eau bouillante. D'une autre part, on délaie du blanc de Meudon (carbonate de chaux), dans la proportion de deux fois et demie le poids de la pomme de terre; on délaie dans deux fois son poids d'eau, et l'on passe au tamis, pour mélanger le tout d'une manière aussi exacte que possible, et s'en servir par le moyen d'une brosse plus ou moins grosse, suivant la nature de l'endroit qu'on veut peindre. Sur le bois, la pierre, le plâtre, cette composition sèche très vite; elle n'est point sujette à s'enlever ni à s'écailler. Pour la nuancer de diverses couleurs, on y ajoute des ocres jaunes, rouges, du noir d'ivoire, etc.

Soude. Le produit qu'on obtient par l'applica-

tion de la pomme de terre à la fabrication de la
soude est une préparation excellente qui peut
être livrée au commerce, et employée dans les
blanchisseries avec un grand avantage. On pourrait même employer pour le même objet toutes les
céréales, leur son; mais le bas prix des pommes
de terre les fera toujours préférer : pour cela on
met dans une grande chaudière de fonte les solutions de sous-carbonate de soude, qui contiennent
des hydrosulfates et des hyposulfites (vulgairement désignées sous le nom d'eaux-mères, ou mieux
encore la solution de la soude factice, obtenue
par la chaleur); on y ajoute des pommes de
terre nettoyées, dans la proportion de trente
livres pour mille de solution, qu'on fait bouillir
et évaporer; pendant ce temps on peut en ajouter encore, mais toujours dans les mêmes proportions; on continue l'évaporation, pendant
laquelle les pommes de terre cuisent dans la liqueur; par le degré de température qui est supérieur à l'eau bouillante, puisque la liqueur est
chargée de sel, le mouvement d'ébullition les
divise; on continue d'évaporer, et lorsque la
masse entière s'épaissit et devient homogène, on
agite, et on achève de la dessécher complétement,
pour la porter ensuite dans le fourneau à calci-

ner, et l'on chauffe; il s'en dégage des vapeurs épaisses d'hydrosulfate d'ammoniaque, et les hydrosulfates sont convertis en sel de soude qui, quoique encore mélangé de sulfates et d'hydrochlorates, est entièrement privé des hydrosulfates et des hyposulfites. Tous ces sels, convenables au blanchiment, seraient encore bien meilleurs, et mériteraient surtout d'être préférés à toutes les soudes que l'on tire de l'étranger, dont nous sommes encore les tributaires.

CHAPITRE VII.

DE LA POMME DE TERRE, CONSIDÉRÉE COMME SUBSTANCE ALIMENTAIRE HABITUELLE.

LES propriétés nutritives de la pomme de terre, quoique très long-temps contestées, ont fini par triompher de tous les préjugés qui s'étaient élevés contre elles ; car, outre les diverses manières de les préparer en cuisine, à l'effet de les rendre aussi bonnes qu'agréables à manger (*Voyez* le *Manuel du Cuisinier et de la Cuisinière*, page 23 et suivantes), sa fécule, considérée comme aliment, suffirait seule pour lui assurer une priorité qu'on est loin de rencontrer dans les divers produits que peuvent nous fournir toutes les autres céréales. Sans nous arrêter à ce mode particulier de préparation de la pomme de terre, dont nous avons déjà exposé les procédés de fabrication, nous allons parcourir successivement les diverses manières sous lesquelles on rencontre, dans le commerce, toutes les préparations alimentaires qui dérivent de ces tubercules, en exposant avant tout la meilleure méthode de les faire cuire.

La cuisson des pommes de terre, quoique extrêmement simple et facile, donne cependant des résultats différens qui dépendent essentiellement de leurs variétés. En effet, toutes celles qui sont venues dans des terres humides, ou par des saisons pluvieuses, portent avec elles une quantité d'eau si considérable, que toute la pomme de terre se réduisant en pâte par la cuisson, on parviendrait difficilement à les assaisonner ; elles restent, par conséquent, plus ou moins fades et désagréables au goût, extrêmement pénibles à digérer. Toutes celles qui sont fortement colorées en rouge sous la principale pellicule qui les recouvre, qui sont parsemées d'enfoncemens plus ou moins profonds,

portent avec elles un principe aussi âcre que
volatil, qui se dissipe par la cuisson faite avec la
vapeur de l'eau, et qui les empêche de se réduire
en pâte, lorsqu'on les tient enfermées, et à l'abri
du contact de l'air; pour cela, on se sert d'une
marmite ou de tout autre vase que l'on puisse
recouvrir, après y avoir mis les pommes de
terre sur lesquelles on étend un linge propre
pour empêcher l'évaporation d'un peu d'eau
que l'on verse au fond du vase, avant de les
soumettre au degré de température nécessaire,
et pour vaporiser l'eau de végétation, qui en-
traîne avec elle la substance âcre qu'elles pourraient conserver si on les cuisait d'une toute
autre manière.

On a encore proposé une marmite en fonte
peu épaisse, A, ayant la forme elliptique, avec
un couvercle de la même matière, B, en forme de
cloche, qui puisse la recouvrir en l'enveloppant
sur toute la hauteur, et en reposant sur un re-
bord, C, la fermer assez hermétiquement après
l'avoir remplie de pommes de terre; on les recouvre, pour mettre autour des cendres chaudes
ou de la braise allumée, de manière à élever peu
à peu la température, réduire en vapeur leur
eau de végétation, et l'huile essentielle qui les

rendait âcres. Comme la chaleur est généralement égale, la cuisson est la même partout ; devenues beaucoup moins aqueuses, les pommes de terre restent comme elles étaient auparavant, et leur saveur est infiniment plus agréable ; elles sont donc meilleures sous tous les rapports, quand même elles seraient prises dans les qualités inférieures. Pour celles qui sont de bonne qualité, quand elles ne gagneraient, en les faisant cuire par la méthode indiquée, que de ne pas être brûlées sous la cendre chaude, cette manière de les préparer ne peut ou ne doit en être que la meilleure et celle qui est la plus susceptible de conserver leur saveur entière. Dans tous les cas, quel que soit le mode de cuisson adopté par l'usage, il est bon de les empêcher de refroidir avant que de les partager, de les mélanger avec autre chose ou de les assaisonner de quelque manière que ce puisse être.

La *farine* de pommes de terre, dont nous avons déjà donné les procédés de fabrication, séparée avec des tamis de grosseur différente, reçoit des noms différens. Nous ne parlerons que de celle-ci : employée partout, ses usages, dans l'économie domestique, sont déjà tellement grands, que la substance nutritive des pommes de terre desséchée, et préparée de cette manière, présente au pauvre comme à l'homme riche des ressources aussi précieuses qu'elles sont multipliées pour varier les alimens, leur donner de la saveur, les rendre plus ou moins nourrissans, faciles à digérer, autant par la variété des mets qu'elle sert à préparer, que par la diversité des saveurs qu'elle contribue à leur donner dans les potages, les entremets, la pâtisserie. La farine pure, sans aucune préparation, peut remplacer et modifier celle du blé, partout où celle-ci devient nécessaire ; mélangée avec toutes les purées que l'on confectionne avec les plantes légumineuses, elle ne peut servir qu'à les rendre beaucoup plus nourrissantes et plus faciles à digérer ; torréfiée, elle acquiert une couleur roussâtre, agréable à l'œil ; en même temps elle devient aussi savoureuse que les pommes de terre elles-mêmes lorsqu'elles sont cuites sous la cendre ; pour la nutrition des enfans du premier âge, elle est extrêmement précieuse dans cet état, parce qu'en peu d'instans on fait avec elle une bouillie bien préférable à celle de la farine du blé, puisqu'elle a déjà subi un premier degré de coction ; et, dans tous les cas où il deviendrait utile d'avoir sur-le-champ une substance alimentaire aussi saine que commode, et de facile digestion, la farine de pommes de terre torréfiée sera toujours préférable à toutes les autres : dans le bouillon, avec un peu de sel; dans le lait, avec une petite quantité de sucre, quelques gouttes d'eau de fleurs d'oranger, elle fournit des potages aussi agréables qu'ils sont bons, nourrissans et faciles à digérer. Il faudrait entrer ici dans de trop grands détails pour énumérer toutes les préparations alimentaires qui pourraient être confectionnées avec la farine de pommes de terre; mais comme ce n'est pas notre objet principal, on peut encore consulter à son sujet le *Manuel du Cuisinier et de la Cuisinière*, qui fait partie de notre collection.

De la fécule. Toutes les propriétés nourrissantes de la fécule de pommes de terre, tous ses usages dans l'économie domestique, ont été depuis bien long-temps l'origine de controverses plus ou moins remarquables; les uns l'ont dépréciée, les autres l'ont tellement vantée qu'il serait difficile de fixer au juste quel degré de confiance on doit avoir dans le jugement qu'ils en ont porté. Cependant si par les procédés chimiques on est parvenu à reconnaître que la fécule de pommes de terre était identique avec toutes les autres substances amilacées qu'on peut extraire des diverses substances végétales qui les produisent, on peut aussi affirmer que, par leur propriété nutritive, elles diffèrent peu les unes des autres.

Partout on remplace la farine du blé par la fécule de pommes de terre; outre que cette dernière est beaucoup plus prompte à amener au degré de cuisson convenable, elle est encore beaucoup plus facile à digérer, parce que, également pourvue de principes nutritifs, elle fatigue bien moins l'estomac; c'est aussi pourquoi on la donne par préférence à tous les individus qu'une maladie longue a amenés aux derniers degrés de débilitation, ou qui entrent en convalescence lorsqu'elle est terminée. Quoi qu'il en soit, la fécule délayée à froid avec un peu d'eau, et versée à l'instant où le liquide choisi pour lui servir de véhicule est prêt à entrer en ébullition, devient en peu de temps une substance nutritive de première qualité, surtout lorsqu'elle est aromatisée d'une manière convenable, et lorsqu'on l'a laissée sur le feu jusqu'à ce que l'enveloppe qui circonscrit chacune de ses granulations soit rompue par une ébullition continuée seulement pendant l'espace de quelques minutes.

Le commerce des substances comestibles est inondé des fécules fournies par les végétaux exotiques, prônées par le charlatanisme, et après lesquelles le luxe, le caprice ou la mode fait courir dans le besoin ; mais à l'odeur près, par laquelle on les voit peut-être différer un peu de la fécule de pommes de terre, elles sont toutes les mêmes pour le résultat. D'ailleurs, qui pourrait se flatter d'en trouver une seule qui n'ait pas été, sinon falsifiée, au moins augmentée par celle dont nous venons de parler et qui leur est absolument semblable.

Gruau (le) de pommes de terre est la première des préparations alimentaires obtenue par leur moyen lorsqu'on les a fait cuire à la vapeur pour les mettre sécher ensuite et passer au moulin. Si la grande quantité d'eau qu'elles contiennent n'était pas un obstacle à leur conservation plus ou moins long-temps continuée, s'il était possible de les accumuler et de les emmagasiner comme toutes les autres céréales, non seulement on préférerait leur culture, mais on augmenterait encore par leur moyen toutes les ressources nutritives dans les temps de disette. Aussi, puisque peu de mois après leur récolte on doit prendre des précautions pour les empêcher de germer, puisqu'il faut dans les

19

temps froids les garantir de la gelée, ou de subir différens degrés d'altération ou de putréfaction, il a donc été de nécessité absolue de chercher tous les moyens qui pouvaient tendre à leur conservation, et ce n'est qu'en réduisant leur volume de toute la quantité de l'eau de végétation qu'elles contiennent qu'on a pu y parvenir. C'est pourquoi on les fait cuire pour les peler, les écraser, les comminuer et ensuite dessécher au four ou à l'étuve, mais on ne peut employer ce moyen que sur de petites quantités, car lorsqu'il s'agit d'opérer sur de grands volumes on en perdrait beaucoup, parce qu'on ne pourrait pas aller assez vite. Cependant M. Ternaux, dont les expériences sont toujours dirigées vers les objets d'utilité générale, s'étant occupé des moyens de dessécher les pommes de terre afin de pouvoir les conserver aussi long-temps qu'il est possible, indique le procédé suivant.

Les laver d'abord à grande eau, soit dans un cuvier, soit dans un tonneau en les roulant sur elles-mêmes, pour les faire cuire ensuite à la vapeur, les éplucher, les écraser, et de là les étendre sur des tissus de laine qu'on laisse exposés au grand air pendant une journée pour en commencer la dessiccation; on pourrait encore éviter

la manipulation du pelurage; et quoique le produit qu'on obtiendrait ne fût pas aussi blanc,
il ne perdrait cependant rien de ses bonnes qualités. Pour diviser cette pâte d'une manière plus
fine et beaucoup plus uniforme, on la passe *au*
vermicelloire, et de là on l'étend sur des châssis
tendus de canevas que l'on porte à l'étuve, dans
laquelle, sur des montans implantés verticalement, on les pose à six pouces de distance les
uns des autres, et l'on a calculé que dans un
espace de quatorze pieds de largeur sur dix-huit
de longueur et huit de haut, on pouvait, au
moyen de trois cents châssis, dessécher cinq se-
tiers de pommes de terre. Le peu d'humidité que
conserve encore la pâte lorsqu'elle est à l'étuve,
exige d'en accélérer autant que possible la dessiccation, parce que la réaction spontanée des
principes qui la constituent détermine une fermentation prompte qui lui fait contracter de l'odeur,
et fort souvent un très mauvais goût. Pour cela
il faut de suite élever la température jusqu'à
60 ou 70 degrés, et l'entretenir dans cet état
pendant quelque temps.

La pâte complétement desséchée est alors désignée sous le nom de *polenta*, dont on fait les

deux autres substances différentes dont nous venons de parler, la *farine* et le *gruau*.

Pain. La préparation du pain avec la pomme de terre a été essayée de plusieurs manières ; on a d'abord voulu les employer sans les comminuer, sans les réduire en poudre ; pour cela on préparait de la pâte avec la farine, dans laquelle on mettait du levain, comme d'habitude, ensuite on faisait cuire les pommes de terre le lendemain pour les peler tandis qu'elles étaient encore chaudes. On se contentait ensuite de les écraser grossièrement, soit avec un rouleau, soit en les passant sur une râpe un peu grosse pour les pétrir avec environ deux fois leur poids de farine ordinaire mélangée, en y ajoutant le levain de la veille, qu'on laissait fermenter pendant quelque temps en le tenant exposé à une température douce plus ou moins prolongée, pour partager en pains ronds qu'on laissait encore fermenter un peu avant que de les mettre au four pour les cuire. D'après l'expérience on peut aussi incorporer, dans la pâte préparée pour faire le pain, les pommes de terre réduites en pulpe extrêmement fine, en les mélangeant à dose convenable, et avec la quantité d'eau né-

cessaire pour lui donner le degré de consistance
requis en pareil cas. Mais de toutes les manières de remplacer le pain par les pommes de
terre, la plus simple, la plus facile et la plus
commode, c'est de les faire cuire, à mesure
qu'on en a besoin, sous la cendre, à l'eau ou
bien encore à la vapeur, pour les peler et les
manger de suite avec les viandes cuites, bouillies
ou rôties, comme si l'on faisait usage du pain
ordinaire. Il serait à désirer que cet usage pût
se propager en France comme il l'est en Angleterre, dans l'Allemagne et la Flandre; alors on
serait contraint d'y propager encore davantage
les bonnes variétés, telles que la Hollande, et la
patraque jaune, les vitelottes, etc., et alors, pour
peu qu'on les cultivât dans des terrains secs
ou sablonneux, elles seraient beaucoup moins
aqueuses et par conséquent meilleures pour remplir le but proposé. (Voyez le *Manuel du Boulanger*, p. 296.)

Polenta, nom donné à la pâte des pommes de
terre desséchée et qui peut être convertie en
une substance nutritive aussi saine que peu coûteuse, et susceptible d'être conservée pendant
plusieurs années de suite, soit dans des tonneaux
ou autres caisses placées à l'abri de l'humidité.

Si on la délaie dans cinq fois son poids d'eau pour la faire bouillir pendant quelques minutes de suite, on parvient à confectionner avec des potages excellens, d'autant plus précieux qu'on peut les transporter partout, et qu'ils offrent de grandes ressources dans les voyages de long cours.

M. Schœnherr conseille de la préparer de la manière suivante : faire cuire des pommes de terre, les faire dessécher, les moudre, et prendre cent cinquante kilog. de leur farine, pour la mélanger avec cent vingt litres de farine de pois, cinquante kilog. de farine d'orge germé (drèche), quarante-cinq litres de sel marin, quarante et un kilog. de cumin et douze onces de gingembre pilé (on pourrait encore à la rigueur supprimer ces dernières substances, qui ne sont que pour y adjoindre un arome assez puissant pour en rendre la digestion plus facile); on fait du tout une pâte homogène, dans laquelle on incorpore soixante et douze kilogrammes et demi de gélatine faite avec des pieds de veau, ou toute autre substance analogue, convenablement préparée. Après avoir fait dessécher à l'étuve cette pâte ainsi confectionnée, on la fait passer au moulin pour la réduire en poudre

plus ou moins fine, que l'on conserve pour
l'usage.

On doit à M. Cadet de Vaux l'amalgame de
la farine de polenta avec le cacao, dans l'intention de rendre le chocolat plus facile à digérer,
en y ajoutant une substance nutritive, de même
que pour en diminuer la cherté; en effet, la
polenta, lorsqu'elle y est incorporée à la dose
d'un quart ou d'un huitième, comme elle ne coûte
que le douzième du cacao, elle sert à en faire
baisser la valeur d'un tiers ou d'un sixième, et
le chocolat devient plus épais avec la même
quantité d'eau; on en emploie aussi beaucoup
moins. Mais comme on abuse de tout, qui pourrait actuellement se flatter d'acheter du chocolat
sans mélange, depuis surtout qu'il est intitulé
chocolat analeptique au salep de Perse, et ce
salep peut-il être autre chose que notre fécule
de pomme de terre?

On a calculé que deux livres ou un kilog. de
polenta, formant seize potages, revenaient pour
le consommateur à soixante centimes; ainsi
chaque potage reviendrait à quatre ou cinq
centimes au plus, en portant même la dose au-
dessus de la quantité suffisante pour un potage
ordinaire; ainsi préparés, ils n'exigent que l'ad-

dition d'un demi-litre d'eau, que l'on fait bouillir pendant quinze à vingt minutes : cette nourriture, aussi saine qu'elle est économique, peut encore devenir plus ou moins agréable en y ajoutant du beurre, des œufs, quelques légumes, en les faisant avec le bouillon gras, le lait sucré, etc.

Riz. Pour préparer le riz de pommes de terre, M. Dufour, le successeur de M. Chauveau, et qui suivait le même procédé de fabrication, prenait les pommes de terre, les lavait à grande eau ; après les avoir fait égoutter et couper par morceaux plus ou moins gros, il les divisait encore en les faisant passer avec force à travers un tamis de laiton placé au-dessus d'un moule de fer-blanc à bords relevés ; la pomme de terre pressée sur le tamis tombait sur le plateau, qu'on emplissait jusqu'à la hauteur de ses bords, extrêmement divisée et blanche comme la neige.

Le plateau une fois plein, était porté au four chauffé comme pour le pain ; la matière qu'il contenait ne tardait pas à se détacher ; on la retirait alors pour la concasser grossièrement dans un énorme mortier ; réduite en morceaux plus ou moins gros, on achevait de la réduire en poudre avec des moulins dans le genre de ceux qu'on emploie pour le tabac; on tamisait ensuite avec des tamis de calibre différens pour en obtenir trois espèces de riz de grosseur différente et de la farine qui approchait beaucoup de la fécule.

La première grosseur, connue sous le nom de *riz* de pomme de terre, pouvait être cuite avec le bouillon gras; lorsqu'on le fait au lait il faut sept parties de ce dernier pour une de riz; on ne doit le projeter dans le lait que lorsqu'il est prêt à entrer en ébullition, et le laisser cuire pendant vingt-cinq ou trente minutes pour l'aromatiser, le sucrer, le saler ou le glacer : il remplace très bien le riz ordinaire; on le colore même avec une dissolution de safran plus ou moins foncée.

La deuxième grosseur est désignée comme *sagou* de pomme de terre, souvent préféré; pour la confection des potages, il exige huit parties de liquide pour une des siennes; beaucoup plus facile à employer que le riz, il cuit aussi beaucoup plus promptement.

La troisième grosseur, nommée *semoule,* exige pour cuire neuf parties de liquide contre une; elle parvient encore plus rapidement au degré de cuisson convenable, et s'emploie le plus ordi-

nairement pour la bouillie des enfans nouveau-
nés : on y ajoute quelquefois le sirop de capil-
laire.

La quatrième grosseur, *fleur de riz*, ne diffère
des autres que parce qu'elle est réduite à un degré de finesse qu'il ne faut cependant pas con-
fondre avec la fécule, quoiqu'elle y ressemble
beaucoup; employée de même pour la nourriture
des enfans, elle exige pour cuire dix parties de
liquide pour une de fleur de riz.

D'après la fabrication du vermicelle, comme
nous le dirons tout à l'heure, il est facile de le
convertir en une sorte de riz très également gra-
nulé en le concassant avec un rouleau, après
l'avoir étalé sur une table pour le tamiser, ensuite tout ce qui se trouve de trop fin sert à faire
de la semoule.

La *semoule* de pomme de terre, ainsi désignée
à cause de sa finesse, peut, lorsqu'elle est grillée,
être employée comme la farine; on en obtient
les mêmes résultats; avec elle on remplace très
bien la chapelure de pain; beaucoup plus savoureuse, on la préfère avec juste raison pour
panner et servir d'enveloppe dans toutes les
préparations de cuisine où l'on doit y avoir recours.

Tapioka avec la pomme de terre. De même que celui que l'on connaît dans le commerce, et qui est préparé avec la fécule du *jatropha manihot*, cuite, desséchée et granulée, on en trouve aussi qui est confectionné avec la pomme de terre et de la même manière que l'autre. Pour l'obtenir, on réduit la fécule humide en une pâte plus ou moins consistante, en la chauffant graduellement dans une chaudière; après l'avoir fait grumeler très fin avec une spatule, on l'étend sur des châssis garnis d'un canevas en fil pour la mettre dessécher à l'étuve, et la tamiser de manière à obtenir des grumeaux ou granulations qui correspondent aux calibres des tamis métalliques employés. Pour y parvenir, on divise encore toute la masse obtenue en la faisant passer soit au moulin, pour achever de la réduire en poudre plus ou moins fine, soit en la tamisant de manière à obtenir des produits uniformes. Ce n'est même que d'après la mouture et les tamisages qu'on les vend sous les noms de gruau, riz, sagou, salep, semoule, tapioka, tous confectionnés avec la fécule de pommes de terre.

Terrouen. Nom donné à une matière nutritive dont la pâte de pommes de terre desséchée

forme la partie la plus essentielle. Pour le confectionner, on se procure du sirop gélatineux,
que l'on incorpore avec la polenta moulue, après
avoir délayé dedans suffisante quantité de sel
marin, du pain de viande de l'Ukraine, des
carottes, des panais cuits et des clous de gérofle,
pour faire dessécher ensuite le tout en le mettant
à l'étuve étendu sur des châssis garnis avec le
canevas; la dessiccation terminée, on obtient une
matière susceptible de faire des potages au gras :
comme elle peut facilement se conserver, on
peut la transporter et s'en servir en tous lieux,
en la faisant bouillir pendant un quart d'heure;
et si, dans chaque ration, on ajoute un cinquième
de litre de bouillon frais, on les rend encore
beaucoup plus agréables.

On conseille, pour fabriquer le terrouen, de
préparer d'abord de la gélatine extraite des os
par la marmite de Papin, et d'employer pour
cela des os minces, tels que les déchets des
moules de boutons, les têtes de bœufs déchar-
nées, etc., ou de les remplacer par la gélatine
du commerce. Le premier moyen peut occasionner des accidens et donner des coliques; le second peut être plus dangereux encore, lorsqu'on sait de quelle manière on la prépare.

Vermicelle. Avec un choix de pommes de terre de la meilleure espèce, cuites à la vapeur, on peut obtenir par des procédés aussi simples qu'ils sont faciles à exécuter, du vermicelle et plusieurs autres pâtes encore aussi salubres qu'elles sont économiques. Nous en parlerons dans ce qui fait partie de l'art du vermicellier.

Ainsi, pour la cuisine et tout ce qui est relatif à l'économie domestique, dans les campagnes, les voyages de long cours, au milieu des camps, partout où le besoin peut se manifester, il est très facile d'apprécier toutes les préparations alimentaires obtenues avec la pomme de terre, autant sous le rapport de leur bonté, que sous celui de la facilité avec laquelle on peut les rendre aussi agréables au goût que faciles à digérer pour l'estomac, et capables de soutenir les forces corporelles; enfin, dans toutes les circonstances où la pénurie et la disette pourraient se faire sentir d'une manière plus ou moins marquée, les pommes de terre et tous les produits alimentaires qui en dépendent, conservés dans leur état sec, seront toujours considérés comme des ressources qu'on appréciera tous les jours de plus en plus, et comme elles méritent de l'être.

D'après tout ce qui vient d'être exposé, nous

ne devons donc plus être étonnés si la consommation des pommes de terre est devenue si considérable dans plusieurs des contrées qui nous
avoisinent ; quant à ce qui concerne la France,
nous ne citerons que le département de la Seine,
dans lequel, pendant les années 1820 et 1821,
il en a été récolté 385,377 hectolitres sur une
superficie de mille sept cent quatre-vingt-sept
hectares de terrain ; leur produit en nature,
comparé à ce qu'il en a été semé, s'est trouvé de
12,96 à 1. Ainsi, en portant le prix de l'hecto-
litre à 4 francs, la valeur totale se serait élevée
à 1,541,508 francs ; ce qui devra paraître assez
important, si l'on pense que leur culture n'y
date pas de très loin, et qu'il y existe encore
beaucoup de préjugés à détruire relativement à
tout ce qui regarde la pomme de terre et ses
produits ; aussi ce n'est qu'à une de leurs appli-
cations utiles, la fabrication de l'eau-de-vie
avec la fécule, qu'on doit en attribuer une consommation de 225,000 hectolitres ; il n'y en a
donc eu que 160,337 hectolitres de mangées :
cette quantité ne laisse pas que d'être encore
assez considérable, quoique la nourriture fournie par ces pommes de terre ne puisse guère
être évaluée au-delà de la quarantième partie de

celle qu'on retire du blé consommé dans Paris. Enfin, d'après M. Chaptal, il serait récolté, année moyenne, en France, 19,800,741 hectolitres de pommes de terre, qui peuvent monter aussi à la même proportion de nourriture que celle dont nous venons de parler. Ne serait-il pas, d'après ces données générales, possible d'évaluer au moins d'une manière approximative, tout ce qu'il serait utile d'en cultiver pour arriver à une consommation semblable à celle qu'on en fait en Flandre seulement, et surtout en Angleterre : que de ressources n'offriraient-elles pas dans les années malheureuses contre le prix excessif, la disette et le manque absolu du blé, puisqu'avec elles ou leurs produits on peut se passer de toutes les autres plantes légumineuses, et même d'une grande partie des céréales.

CHAPITRE VIII.

DE LA POMME DE TERRE CONSIDÉRÉE SOUS LES RAPPORTS DE SES PRODUITS SUCRÉS.

Dans l'exposition des propriétés générales de l'amidon, nous avons dit que l'art de le convertir en une matière sucrée, par le moyen de l'acide sulfurique, laissait encore des regrets ; cependant ce genre de fabrication avec la fécule de pommes de terre est devenu, depuis quelques années, d'une importance assez grande pour ne pas craindre d'en parler lorsqu'il est question de compléter tout ce qui peut être utile ou nécessaire de connaître de la pomme de terre et de ses produits.

Dans la conversion de l'amidon en matière sucrée, peut-on attribuer cette propriété à la forme de granulation qui le compose ? Les uns ont dit qu'elles étaient arrondies ; les autres, qu'elles étaient des cristaux anguleux ; d'autres enfin qu'elles étaient recouvertes d'une enveloppe mince, peu altérable, différente de la matière gommeuse qu'elle renferme. Quoi qu'il en soit, lorsque la fécule est chauffée dans l'eau, les grains se dilatent ; la substance qu'ils contiennent, s'échappe au-dehors et se répand dans le liquide ; l'acide sulfurique, augmentant sa fluidité, favorise sa combinaison avec l'oxigène et l'hydrogène, dans les proportions qui constituent l'eau ; il en résulte une matière sucrée, soluble dans l'eau chaude et froide ; des tégumens insolubles, disséminés dans le liquide et d'acide sulfurique, restent sans éprouver aucun changement. La craie de Meudon (carbonate de chaux) que l'on y mêle, lorsque tout est converti en matière sucrée, cède la chaux (oxide de calcium) à l'acide sulfurique, qui forme alors du sulfate de chaux très peu soluble, et qui se précipite au fond de la chaudière avec l'excès de carbonate de chaux, et le gaz acide carbonique qui s'échappe par l'effervescence. En filtrant toute la matière liquide et sucrée, elle passe claire, quoique avec une certaine quantité de sulfate de chaux qu'elle tient en suspension; tout ce qui reste sur le filtre renferme encore de la substance sucrée dont on peut le dépouiller par des lavages à chaud plus ou moins répétés; en poursuivant l'opération, on précipite, par l'évaporation continuée, tout ce qui reste de sulfate de chaux dans le sirop auquel on ajoute du charbon animal, pour lui ôter une partie de son goût et de son odeur nauséabonde, car la chaleur qui provient du mélange de l'acide sulfurique forme assez de caramel pour colorer la matière sucrée, qui devient d'autant plus foncée que l'on continue plus long-temps l'ébullition, avant d'y mélanger la craie ; tandis que si on la mélange de suite, le sirop n'est presque pas co-

loré; enfin si on y ajoute du sang de bœuf, ou
toute autre substance albumineuse, toutes les
parties charbonneuses s'agglomèrent et laissent
écouler le sirop limpide à travers le filtre.

Mais lorsque dans le même local on prépare
la fécule de pommes de terre pour la convertir
en matière sucrée et syrupeuse, on peut ne pas la
faire sécher, on la délaie au contraire dans l'eau
pour la mélanger de suite peu à peu dans la
chaudière, afin de ne pas empêcher l'ébullition
de l'acide sulfurique; on l'agite continuellement
et à mesure qu'on verse la fécule délayée, car
elle formerait un dépôt qui ne pourrait plus s'é-
tendre dans l'eau; enfin, quoique le refroidissement par la fécule humide soit plus considérable
qu'avec la fécule desséchée, la conversion ne
s'opère pas moins, surtout si l'on augmente l'activité de la chaleur par le moyen du feu.

En poussant plus loin l'économie du temps et du
travail, dans ce genre de fabrication, on pourrait ajouter peu à peu, et par cuillerée, les
pommes de terre après les avoir fait cuire, et
après les avoir réduites en bouillie, dans la chaudière où l'eau et l'acide sulfurique sont en ébullition, mais le sirop qui en résulte n'est pas
aussi agréable, l'eau de-vie qui proviendrait de

sa distillation aurait le même goût, enfin, il serait impossible de l'employer dans la plus grande
partie des procédés où il entre du sucre d'a-
midon comme matière première. On obtiendrait
aussi le même résultat, en remplaçant la fécule
par la pulpe, ce serait encore un moyen économique que l'on pourrait prendre en considération dans plusieurs circonstances.

Quel que puisse être le genre de travail adopté,
voici les proportions du sucre obtenu par le
mélange de l'amidon avec l'acide sulfurique :
M. Théodore de Saussure a calculé qu'avec cent
parties d'amidon sec, on pouvait obtenir 110,14
de sucre sec; et en grand, avec deux cents livres (100 kil.) de fécule aussi bien desséchée
qu'il est possible, ou trois cents livres (150 kil.)
de fécule verte, on pourrait confectionner cent
cinquante kilog. ou trois cents livres de sirop à
trente degrés, qui font deux cents livres de sucre
sec. Enfin, si on le poussait d'une densité plus
grande, c'est-à-dire à quarante degrés, il serait
impossible de le transporter, parce qu'en cris-
tallisant dans les tonneaux il les briserait. Concentré jusqu'à quarante-cinq degrés, et conservé
dans un endroit dont la température soit de
douze et de quinze degrés au plus, il se con-

dense et forme une masse blanchâtre, épaisse, granulée, sans cristallisation prononcée, qui ne se dissout pas dans l'alcool, mais très bien dans l'eau froide ou chaude; et si on la fait bouillir et séjourner dans une température de dix degrés, elle dépose une grande partie de la matière sucrée très blanche, mais étendue avec une assez grande quantité d'eau pour qu'elle ne marque que de cinq à six degrés, pour la soumettre ensuite à vingt ou vingt-cinq degrés de température : pour peu qu'on y ajoute une petite quantité de levure, elle entre de suite en fermentation, qui, au bout de quelques jours, devient alcoolique dans tout son entier en laissant échapper une grande quantité de gaz acide carbonique, et de là passer à l'état acétique. Toutes les fabriques de vinaigre pour les arts industriels, toutes celles où l'on distille les eaux-de-vie de fécule pour fabriquer les liqueurs, sont établies sur ces diverses propriétés de la pomme de terre passée à l'état de fécule amilacée.

Depuis la découverte du sucre obtenu avec un des produits de la pomme de terre, son amidon, on a essayé tous les moyens susceptibles de le faire cristalliser; il n'est rien qui n'ait été imaginé pour arriver à le mettre en pain. Comme le sucre de canne, sa saveur, beaucoup moins sucrée, le rend très différent de celui de betteraves, avec lequel il ne peut même pas entrer en comparaison; malgré cela on l'emploie pour frauder en l'introduisant dans toutes les cassonades; mais pour peu qu'on le mette à l'essai, il n'est pas difficile de le reconnaître, car la blancheur qui le caractérise, sa saveur sucrée beaucoup moins prononcée qui en résulte, sont des moyens plus que suffisans pour ne pas être induit en erreur. On pourrait peut-être employer le sirop de fécule pour fabriquer le pain d'épices et le substituer à la mélasse et au miel, de même que pour nourrir les mouches en hiver, lorsqu'on est obligé d'avoir recours à ce dernier; mais c'est principalement pour fabriquer l'eau-de-vie qu'il est le plus souvent mis en usage. Lorsque l'orge est à un prix trop élevé, lorsqu'il est difficile de s'en procurer, on peut la remplacer avec le sirop de fécule, dans les brasseries, pour confectionner la bière; il n'est besoin que de l'étendre dans l'eau de manière à ce qu'il soit à cinq degrés de l'aréomètre, et le laisser à quinze degrés de température en faisant avec la décoction du houblon comme on ferait avec l'orge

germé; et pour ne changer en rien la saveur
habituelle de la bière, on n'emploie d'abord
que la dixième partie de sirop, pour l'augmenter ensuite peu à peu jusqu'à ce qu'on soit
arrivé à moitié de la quantité d'orge mise en
œuvre pour le brassin.

Comme tout ce qui reste après la confection
des sirops de fécule est un composé de deux substances différentes, l'un de sulfate et de sous-
carbonate de chaux, mélangés avec quelques
parties syrupeuses et les tégumens de la fécule,
l'autre de charbon animal avec quelques parties
albumineuses et de sulfate de chaux, jointes à
un peu de sucre étendu dans l'eau, on a imaginé d'en faire un engrais, après l'avoir desséché promptement, pour le répandre ensuite
sur les prairies artificielles; la plus petite quantité du second, principalement, suffit pour en ac-
tiver singulièrement la force de végétation. Cependant, lorsqu'au lieu de la fécule on a employé les pommes de terre cuites et délayées,
ou leur pulpe entière, l'engrais est bien meilleur,
parce qu'il contient une beaucoup plus grande
quantité de substance albumineuse.

On conseille encore, partout où il est difficile
de se procurer du charbon animal, de le revi-

vifier par une seconde combustion poussée jusqu'au rouge le plus vif et en vaisseaux clos pour
le réduire en poudre, en le faisant passer par le
moulin; mais il faut dans ce cas en ajouter un
quart de plus en quantité que lorsqu'on l'a employé la première fois.

Pour convertir en matière sucrée la pulpe des
pommes de terre, on les réduit en pâte, comme
nous l'avons indiqué pour en extraire la fécule,
on verse cette pâte sur un double fond percé
de trous, recouverts avec de la paille dans une
cuve assez grande pour contenir huit hectolitres
de liquide, dans lequel on fait macérer huit
cents livres (400 kil.) de pâte; une grande
partie de l'eau qu'elle contient passe de suite
dans le double fond, duquel elle est soutirée par
le moyen d'un robinet; une heure après, deux
hommes avec un râble brassent fortement le
tout, tandis qu'ils font couler dessus un filet assez gros d'eau chaude et bouillante qui, lorsqu'il
est arrivé à une quantité d'à peu près cinq
cents litres, forme une bouillie épaisse et consistante comme de l'empois, dans laquelle on
mêle, le plus également qu'il est possible, cinquante livres d'orge germé, desséché et réduit
en poudre. On couvre la cuve pour laisser con-

tinuer la macération pendant trois heures pour
le moins et quatre heures au plus, ce qui suffit
pour convertir en matière sucrée une grande
partie de l'empois qui est devenu fluide; on soutire par le double fond pour le porter dans une
autre cuve, on ajoute deux nouveaux hectolitres d'eau bouillante sur ce qui est resté; après
avoir brassé fortement pendant un quart d'heure,
on soutire encore pour ajouter à ce qu'on a déposé dans la cuve; on répète ces manœuvres
jusqu'à ce que, par les lavages successifs, toute
la masse soit épuisée en laissant refroidir :
l'épuisement est bien plus sûr si on soumet à la
compression d'une forte presse tout ce qui reste,
pour donner le marc aux bestiaux et ajouter ce
qu'on en retire à la cuve où la fermentation doit
s'opérer. Tout le liquide qu'elle renferme doit
être à cinq degrés de l'aréomètre, et sa température de vingt-cinq à trente degrés, afin qu'on
puisse y ajouter deux livres de levure fraîche
pour être en levain.

Lorsqu'on veut employer la fécule au lieu de
la pulpe de pommes de terre, on pèse quatre-
vingts à quatre-vingt-cinq kil. de fécule sèche,
ou cent vingt à cent vingt-sept de celle qui est
seulement égouttée, on la met dans une cuve de

douze hectolitres; on la délaie dans à peu près deux fois son poids d'eau, à la température de l'atmosphère, en agitant continuellement; on y fait arriver ensuite cinq à six cents litres d'eau bouillante qui épaissit de suite toute la masse, et avant que l'eau ne soit entièrement arrivée, elle a déjà l'aspect opalin de l'empois. On y mélange vingt à vingt-cinq kilog. d'orge germé et moulu que l'on brasse fortement; au bout de dix minutes la liqueur est limpide : après l'avoir laissée reposer pendant quatre heures au plus, elle est déjà sensiblement sucrée ; on y verse de l'eau pour arriver jusqu'à onze cents kil., qu'on soumet à une température de vingt-cinq degrés; le tout doit marquer cinq degrés à l'aréomètre; on délaie une livre de levure fraîche dans quatre litres d'eau qu'on y ajoute en brassant fortement pour laisser achever la fermentation. Par ces deux derniers moyens, bien supérieurs pour arriver à la fermentation des produits sucrés avec la pomme de terre, on évite tout ce qui peut déposer au fond des vaisseaux placés sur le feu pour en opérer la distillation; rien ne peut plus, par conséquent, brûler et donner à ces eaux-de-vie l'odeur et le goût d'empyreume qu'on leur reproche le plus habituellement. On s'épargne

21

beaucoup de main d'œuvre et surtout des dépenses et des frais inutiles, pour obtenir ainsi des produits beaucoup meilleurs et surtout plus abondans; on peut donc avec juste raison les considérer comme beaucoup plus économiques et plus avantageux sous tous les rapports.

CHAPITRE IX.

DE LA POMME DE TERRE CONSIDÉRÉE SOUS LE RAPPORT DE LA FERMENTATION.

Lorsqu'on veut conserver pendant plus ou moins long-temps la fécule amilacée extraite des pommes de terre, il est nécessaire de la tenir dans les conditions susceptibles d'en empêcher l'altération, ou toute autre espèce de changement momentané, elle reste alors dans un état d'inertie complète; mais si par les moyens dont nous avons parlé l'on vient à altérer ou modifier son état particulier, en la prédisposant à la saccharification, tout change alors, car dans la nature il n'y a que les substances plus ou moins sucrées qui puissent déterminer et subir la fermentation alcoolique : il est donc d'une nécessité absolument indispensable de mettre tous les liquides obtenus avec la fécule dans les conditions requises, et en même temps les plus favorables pour développer et fournir ensuite par la distillation l'alcool ou esprit de vin.

Ainsi donc, une fois que la liqueur développée par le moyen de l'amidon ou la fécule amilacée est étendue dans une quantité d'eau assez grande pour qu'elle ne marque plus que cinq degrés à l'aréomètre de Baumé, on la tient, ainsi que le local dans lequel elle est enfermée, à une température constamment soutenue depuis vingt-deux à vingt-cinq degrés, soit en garnissant la cuve avec des couvertures de laine grossière, assez épaisses pour qu'elle ne puisse pas refroidir, soit en empêchant les courans d'air par des fenêtres et des portes doubles. Lorsque tout est disposé convenablement, lorsque par le moyen d'un râble le mélange est aussi exact qu'il est possible de l'avoir, on prend une livre de levure fraîche, et après l'avoir délayée dans quatre litres d'eau ordinaire, on l'ajoute à la masse du liquide contenu dans la cuve ; cette quantité de levure ainsi disposée suffit pour mille à onze cents litres de liqueur sucrée à faire pas-

ser à la fermentation ; puis, après avoir brassé le
tout encore pendant l'espace de quelques minutes seulement, on laisse reposer la cuve parfaitement couverte, afin de laisser achever l'o-
pération , qui s'annonce de suite par un dégagement plus ou moins rapide et bruyant de gaz
acide carbonique ; toute la surface du liquide est
bientôt recouverte par une écume plus ou moins
épaisse, pendant l'espace de trois , six , ou neuf
jours au plus tard. On observe et l'on s'assure
des progrès de la fermentation par l'ouverture
pratiquée dans le couvercle de la cuve, et si
tout a été bien dirigé, le dégagement d'acide
carbonique a lieu très promptement, l'écume
boursouflée s'affaisse , alors l'opération est terminée, car tout l'alcool est développé ; il faut
distiller au plus vite, afin d'éviter la transition
subite à l'acidification, qui aurait lieu par une
suite de la fermentation intérieure; enfin, si la
cuve contenait une trop grande quantité de
matière pour qu'il fût possible de la distiller complétement en vingt-quatre heures, on
verserait tout ce qui reste dans des futailles assez grandes pour le contenir, et dont on ferme-
rait très légèrement la bonde, afin de pouvoir
disposer une nouvelle opération par les mêmes

procédés, et ne pas conserver la cuve trop long-
temps vide.

On a encore proposé, pour obtenir de l'alcool,
de distiller l'eau exprimée de la pomme de terre ;
pour cela on prend la liqueur qui en est extraite, et qui se trouve dans les baquets placés
sous le tamis du moulin à râper et sous la presse ;
on sépare ce liquide de la fécule, on le réunit
dans une chaudière pour l'amener à bouillir, on
y jette ensuite vingt gouttes d'acide sulfurique
à soixante-six degrés pour chaque quintal de
liqueur, qui forme bientôt une bouillie plus ou
moins claire, que l'on porte encore chaude dans
des tonneaux que l'on puisse ouvrir et fermer à
volonté, et que l'on tient dans un local chauffé
à une température de douze à quinze degrés et
constante ; on y ajoute, pendant qu'il est encore
chaud, deux onces de levure de bière par quintal ; après avoir exactement remué on y mélange
aussi douze livres de paille moulue, et l'on ferme
le tonneau. La fermentation ne tarde pas à s'é-
tablir dans le liquide, elle augmente successivement pendant deux ou trois jours, plus ou
moins, suivant la quantité de liquide, la grandeur des vases qui le contiennent, la température
atmosphérique et les proportions de la matière

soumise à la fermentation, dont le mouvement ne peut cesser que lorsque la liqueur a acquis une saveur plus ou moins vineuse ou alcoolique. On enlève les couvercles des tonneaux pour la verser dans l'alambic et la distiller; mais s'il n'était pas possible de distiller de suite, on arrêterait les progrès de la fermentation en remuant d'abord pour faire remonter la paille, et en y ajoutant un centième d'eau chargée et saturée de sel marin, en diminuant la température et en mêlant encore une nouvelle dose d'acide sulfurique, de quelques gouttes seulement. Ce moyen pourrait présenter de grands avantages dans les temps où les pommes de terre, devenues rares, ne permettraient pas d'avoir recours à la fécule pour la distillation.

Dans la fabrication de l'eau-de-vie avec les pommes de terre cuites, réduites en bouillie et mises en contact avec l'orge germé grossièrement pulvérisé, il faut, pour qu'elles soient susceptibles de fermenter, et afin d'en obtenir une quantité plus ou moins grande d'alcool, les soumettre à une température chaude, quoique contraire à la théorie, puisque les pommes de terre ne donnent aucune des matières sucrées qui sont les seules susceptibles d'entrer en fermentation. Il paraîtrait que la réaction du gluten sur la fécule la convertirait, à l'aide de la chaleur, en une substance soluble et sucrée, susceptible, à l'aide de la levure qu'on y ajoute, de déterminer la fermentation alcoolique ; telle est, d'après M. Kirchoff, la manière d'expliquer la formation de l'alcool dans les opérations des distillateurs de pommes de terre.

Mais quels que puissent être les procédés qu'on a suivis pour avoir de l'eau-de-vie de pommes de terre, elle est presque toujours d'un goût et d'une saveur désagréable plus ou moins prononcée, ce qui tient à la résine amère aromatique qu'elles renferment, et qu'on a encore considérée comme une huile essentielle, parce qu'elle y a été non seulement trouvée, mais aussi étudiée, et ses propriétés délétères signalées d'une manière spéciale.

Quoi qu'il en soit, toutes les fois qu'on voudra opérer en grand, il faudra se procurer des appareils distillatoires, confectionnés de manière à ce que le travail ne puisse jamais être interrompu ; aussi c'est pour cette raison qu'on donne actuellement la préférence aux alambics de M. Derosne, pharmacien à Paris, parce qu'on peut en obtenir tous les résultats désirables. Au surplus, *voyez* le *Manuel du Distillateur*, qui fait partie de la collection.

~~~~~~

CHAPITRE X.

APERÇUS SUR L'ORGANISATION ADMINISTRATIVE DES AMIDONNIERS DE PARIS.

Il y a déjà un demi-siècle passé depuis que les amidonniers ayant excité l'attention du gouvernement, par les abus qui s'étaient introduits dans leur fabrication, il leur fut défendu d'acheter de bons grains pour en faire de l'amidon, de tirer une première farine des blés germés et gâtés, pour la vendre aux boulangers, qui en faisaient du pain, et d'introduire dans la fabrication de leur amidon des matières prohibées par les réglemens; parce qu'un pareil procédé de leur part contribuait au rehaussement du prix des grains dans les années peu abondantes, occasionnait des maladies, et produisait quelquefois des accidens funestes.

Les réglemens de police leur défendaient aussi de fabriquer l'amidon dans Paris, à cause de l'odeur infecte de leurs eaux et des matières.

qu'ils emploient; il fallait que leurs manufac-
tures fussent reléguées dans les faubourgs et
banlieue, à peine de confiscation de leur marchandise et d'une amende; il ne leur était permis
de s'établir qu'aux lieux où il y avait facilité
pour l'écoulement des eaux, et que sous l'auto-
risation expresse du magistrat.

Quelques années après, parurent les réglemens pour la fabrication de l'amidon et la perception des droits auxquels il était soumis.
Sur ce qu'il avait été représenté par les amidonniers de la ville et des faubourgs de Paris que la
perception du droit sur l'amidon et la poudre à
poudrer mettait les plus grandes entraves à la fabrication ; que la vigilance des employés ne
pouvait réprimer la fraude trop facile à pratiquer; que ceux qui voulaient s'y livrer, y trouvant un avantage considérable, puisqu'ils pouvaient vendre leurs marchandises à un prix inférieur à celui de ceux qui ne voulaient pas frauder,
en sorte que ceux qui étaient dans l'usage de se
soustraire au paiement du droit ruinaient entièrement le commerce de ceux qui l'acquittaient,
il a été ordonné de le prélever à raison de la
capacité des bernes. Alors les amidonniers ne
pouvaient plus employer, pour servir à leur fa-

brication, que des vaisseaux ou futailles de forme connue et usitée, et susceptibles d'être jaugés, tels que les tonnes, tonneaux, muids, busses, pipes et demi-queues, sans pouvoir en employer de moindre contenance que les demi-queues, ni faire usage de cuves, cuveaux, baquets et autres vaisseaux informes.

Il fut en conséquence fait un inventaire général chez tous les fabricans d'amidon, qui furent tenus de déclarer et mettre en évidence toutes les futailles dans lesquelles ils avaient des marchandises en trempe; toutes celles qu'ils devaient destiner à cet usage furent sur-le-champ rouannées, numérotées et jaugées au fur et à mesure du passage des matières au tamis de crin.

Ils durent aussi ranger par ordre autour de leur trempis les futailles destinées à mettre des marchandises en trempe, de manière qu'on pût passer librement pour les visiter et pour examiner la situation des trempes; il leur fut défendu de les masquer par d'autres vaisseaux, ou de gêner les passages : les préposés pouvaient faire sortir des trempis tout ce qui pouvait nuire à leur visite.

Les amidonniers ne pouvaient mettre aucune marchandise en trempe qu'après une déclaration pour indiquer le jour et l'heure, ainsi que le nombre, la jauge, le numéro de chacune des futailles qu'ils voudraient employer ; il leur était enjoint de suivre, pour faire ces trempes, l'ordre des numéros des futailles, sans pouvoir, sous aucun prétexte, l'interrompre, anticiper d'un numéro sur l'autre, ni rétrograder. Il fallait que les trempes fussent entières, sans qu'il fût possible, sous prétexte de défaut de matières ou autrement, de faire que des moitiés, des quarts ou autres portions de trempes ; ils ne pouvaient mettre aucune futaille en trempe qu'elle n'eût la quantité de matière proportionnée à sa contenance, et dans le cas où la trempe n'aurait pas été complète, ils ne devaient prétendre à aucune diminution pour raison de ce qui s'en manquait ; ils étaient contraints au paiement du droit entier, sur le pied de la contenance de la futaille.

Cependant on leur permettait de se servir, pendant tout le temps de la fermentation des matières seulement, et d'ajouter des hausses pour empêcher lesdites matières de refluer par-dessus le bord des futailles et de se perdre, lesquelles hausses ne pouvaient être attachées ni clouées auxdites futailles ; il leur était défendu de s'en servir en tout autre temps. Il était permis aux préposés, lorsqu'ils en trouvaient après la fermentation finie, de les faire jeter bas. Toute matière mise en trempe ne pouvait y rester que pendant trois semaines; elle devait alors être passée au tamis de crin, en suivant toujours l'ordre de numéro des futailles mises en trempe sans pouvoir les intervertir sous quelque prétexte que ce fût, ni passer au tamis de crin un numéro subséquent avec ceux qui le précédaient; ils devaient déclarer le jour et l'heure, et ne le faire qu'en présence d'un commis qui en dressait acte pour être payée à raison de sept livres dix sous par muid, mesure de Paris, à l'expiration de chaque mois, sous peine d'y être contraints même par corps.

Il était fait très expresses inhibitions et défenses à tous les amidonniers de surcharger et renouveler leur trempe pendant le temps de la fermentation, comme aussi d'en tirer aucunes matières pour en substituer d'autres, de receler aucunes trempes en tout ou en partie, d'avoir des trempis cachés et clandestins, à peine de confiscation et d'amende: attendu qu'il est possible de connaître, par la couleur de l'eau et l'écume qui se forme dessus pendant la fermentation, ainsi que par la pression des matières en putréfaction, si l'on a levé des matières en trempe, et si on les a surchargées, les commis devaient surveiller la situation des trempis, juger les degrés de fermentation et de putréfaction, ainsi que les différentes opérations qu'on aurait pu faire.

En cas de contestation de la part des amidonniers sur la jauge des futailles servant à mettre les marchandises en trempe, ou que par la construction desdites futailles, l'irrégularité des douves, ou par quelque autre cause, la jauge desdites futailles ne puisse être faite avec assez de justesse pour être assuré de leur véritable contenance, les amidonniers devaient fournir tout ce qui était nécessaire pour les dépoter, et à la première réquisition ; et dans le cas où ils s'y refusaient, il était procédé par le premier tonnelier sur ce requis, à qui il était enjoint de le faire sous peine d'amende.

Les amidonniers étaient tenus de souffrir les visites et exercices des commis, toutes les fois qu'ils se présentaient, même les jours de dimanche et fête, hors les heures du service divin, sous peine d'amende au premier refus, et plus grande peine en cas de récidive.

Les professions de perruquier, boulanger et meunier étaient incompatibles avec celle d'amidonnier ; il leur était défendu de faire et fabriquer de l'amidon en quelque lieu que ce fût, et aux amidonniers d'exercer ou faire exercer par leurs femmes ou leurs enfans demeurant avec eux aucunes desdites professions, et d'acheter et employer à la fabrication de l'amidon des blés de bonne qualité et propres à faire du pain, le tout à peine de confiscation.

Les amidons fabriqués qui se trouvèrent dans les magasins et les étuves des fabricans au moment de l'inventaire général qui fut fait, furent pesés et leur poids constaté; à l'égard de l'amidon vert et des tonneaux de pâtes mines et blancs qui existaient chez les fabricans, il fut fait une évaluation de gré à gré ou par experts du poids que les uns et les autres pouvaient rendre, pour être du tout les droits payés par les amidonniers à raison de deux sous par livre, dans le délai d'un mois à compter du jour de l'inventaire général.

FIN DU MANUEL DE L'AMIDONNIER.

MANUEL

DU

VERMICELLIER.

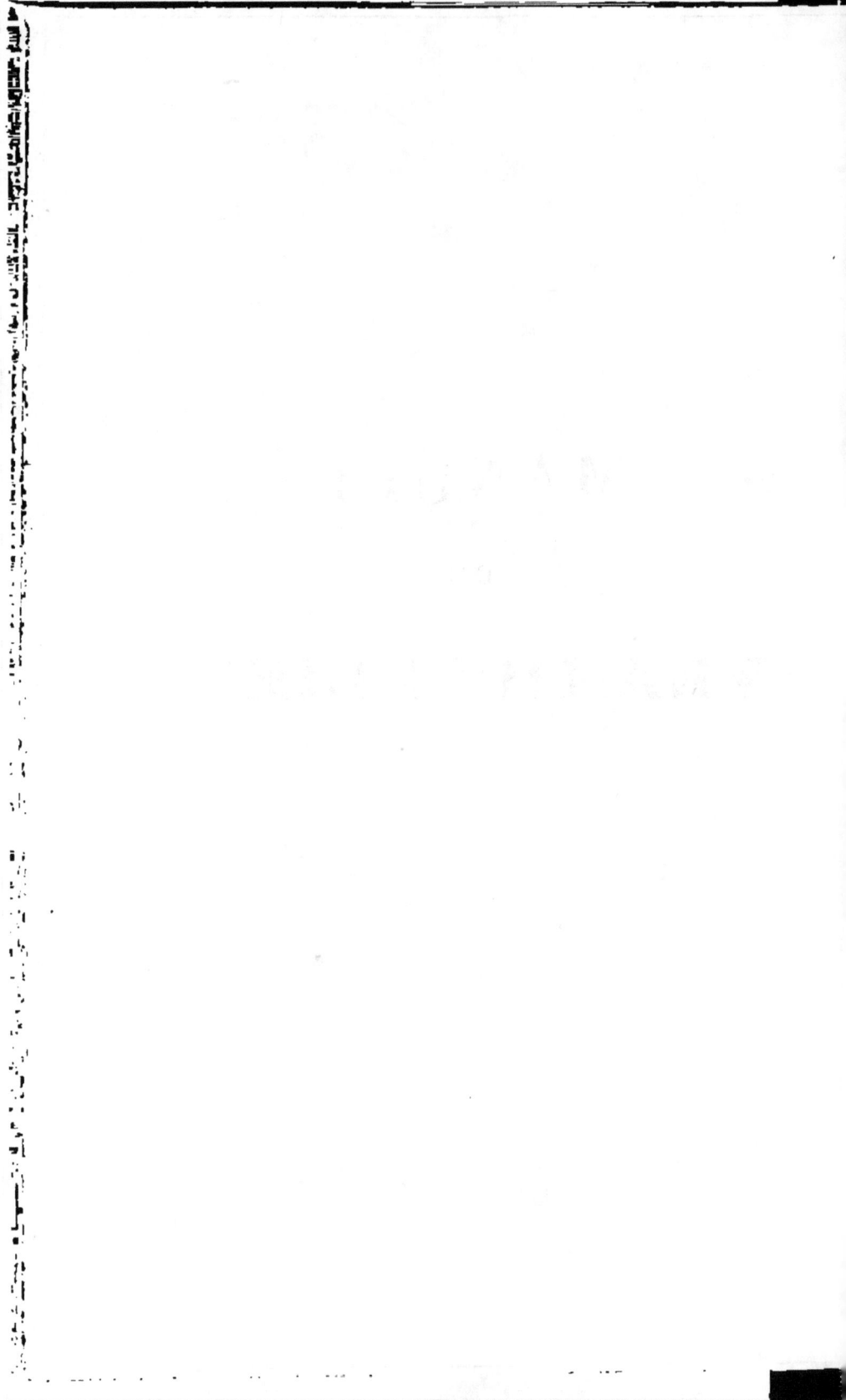

MANUEL

DU

VERMICELLIER.

CHAPITRE PREMIER.

CONSIDÉRATIONS GÉNÉRALES.

Le *vermicelle*, ou *vermichelle*, est une pâte faite avec les gruaux du blé, réduite en cylindres contournés, plus ou moins allongés comme des vermisseaux (*vermicelli* en italien, d'où est tiré le mot français, parce que c'était aussi dans ce pays qu'on le fabriquait exclusivement; mais à présent il se fait dans toutes les contrées de l'Europe). C'est particulièrement à Naples, à Gênes, à Marseille, et surtout à Paris, qu'on en fait des meilleurs et en plus grande quantité : ainsi, fabriquer du vermicelle, *vermicelli*, ou autres pâtes connues dans le commerce des comestibles sous les noms de lazagues, macaronis, semoule, etc., est ce qui constitue essentiellement l'art du vermicellier dans tous les détails duquel nous nous proposons d'entrer.

De même que le boulanger, le fabricant de vermicelle confectionne la pâte avec le gruau du blé, mais le premier lui fait subir un degré de chaleur suffisant pour la cuire, tandis que le second se contente de la faire sécher en l'exposant seulement à l'air; il est même plusieurs contrées dans le midi de la France où les boulangers fabriquent le vermicelle, comme dans quelques pays ils sont aussi pâtissiers. Mais quelle que soit la pâte qu'on veuille obtenir, il faut choisir la farine du blé de froment, *triticum sativum*, dont nous avons déjà donné les caractères en parlant de l'amidon; car, malgré qu'il soit possible d'en faire avec le produit de toutes les autres céréales, c'est avec le gruau du froment qu'on obtient la meilleure, et si l'on considère que toutes les substances farineuses sont le plus généralement employées par les hommes comme nourriture principale, nous ne devons plus être étonnés de l'énorme consommation qui s'en fait dans toutes les contrées où l'usage du pain n'est pas aussi considérable qu'en France; car dans le Nord toutes les pâtes connues sous les noms de noudles, de knepfles, et toutes les bouillies avec les gruaux d'avoine, d'orge, la farine du maïs, les pommes de terre cuites, le remplacent. En Italie, c'est par les lazagnes, le macaroni, la semoule, le vermicelle, qu'on a l'habitude de suppléer à la consommation journalière du pain. Si pour la boulangerie on réduit les gruaux en farine avant que d'en faire du pain, le vermicellier ne doit les employer qu'après les avoir convertis en semoule; c'est pourquoi nous allons entrer dans quelques détails au sujet des gruaux; nous parlerons ensuite de la semoule.

§. I. *Des Gruaux* ou *du Gruau.*

On comprend sous cette dénomination générique toute espèce de graine céréale qui a été privée de son écorce. On fait du gruau avec l'avoine, le froment, l'orge, après les avoir concassés par des moyens mécaniques, et les avoir dépouillés de leur enveloppe; alors on le considère comme la partie la plus ferme du grain. C'est principalement dans les années de chaleur et de sécheresse, lorsque toutes les particules les plus rapprochées de son écorce sont pendant long-temps exposées au contact de l'air et à l'ardeur des rayons du soleil, que l'enveloppe particulière où se trouve le germe du grain devient extrêmement blanche, dure, et si on le soumet à la mouture il constitue la partie la plus essentielle du gruau : on en reconnaît de trois espèces, les gruaux blancs, les gris et les bis. Les premiers n'ont plus d'écorce, ou au moins très peu, on pourrait les considérer comme l'amande du grain ; les seconds ne sont gris que parce qu'ils sont encore recouverts par la seconde pellicule du grain ; cependant ils sont beaucoup plus secs que les premiers, ils sont plus avides d'eau et bien meilleurs à manger : c'est aussi pourquoi on les recherche davantage pour en faire des pains de luxe et la pâtisserie ; on les préfère même aux premiers gruaux, qui sont bien moins bons pour faire les pâtes de toute espèce. Quant aux troisièmes, qui sont les gruaux bis, comme le plus souvent ils ne sont tels que parce qu'ils sont tachés par d'autres graines étrangères qui se trouvent dans le froment, ils subissent mal tous les degrés de la fermentation, car s'ils n'étaient tachés que par le son qu'ils pourraient encore contenir, on parviendrait assez facilement à s'en débarrasser en le laissant monter sur le gruau au moment où il faut le mettre en œuvre; mais c'est par un grain étranger aussi lourd, aussi pesant que le froment lui-même, et qu'on appelle *pois gras*, qui subit mal la fermentation panaire, et ne donne que de la farine plus ou moins bise, qu'il conserve sa teinte grisâtre et autres mauvaises qualités.

§. II. *De la Semoule.*

Semola, mot italien qui signifie *son de farine, son gras*. La meilleure semoule est celle qu'on retire du froment, et dont les vermicelliers tirent le plus grand avantage dans la confection de leurs pâtes, c'est le résidu formé par le son gras, et qui résulte de la partie blanche, dure et farineuse du grain soumis à la meule; aussi la considère-t-on comme la partie la meilleure et la plus nutritive de toutes celles qui sont contenues dans le blé : on a même pendant très long-temps regardé tous ceux de Barbarie comme plus nourrissans que les nôtres, quoiqu'ils fussent moins blancs, parce que leur sécheresse et leur poids en arrêtent la pulvérisation par la mouture.

En Italie tous les blés que l'on choisit pour former la semoule sont extrêmement durs, et contiennent peu de substance farineuse blanche.

Ordinairement on la sépare en cinq parties différentes, qui sont : la farine, la fleur, la petite semoule, la semoule, et enfin le son.

Dans tout le midi de la France on choisit des blés qui donnent une semoule blanchâtre et citronnée, plutôt bise que blanche, et qui fait un pain grisâtre. Comme la qualité de la semoule dépend de la mouture, les vermicelliers ont l'habitude de les faire moudre haut ; enfin, généralement considérées, toutes les semoules ne diffèrent que par la nature des blés qui les ont fournies, leur mouture et la manière de les bluter ; il faut les choisir, autant qu'il est possible, blanches, tirant un peu sur le jaune et très sèches. Comme elles dépendent du gruau qu'on emploie, il convient que celui-ci soit blanc, ferme et même assez dur, car la pâte qui en résulte est d'autant meilleure que la semoule avec laquelle on la fait est grosse, difficile à battre et à brier. Toute celle qui est trop fine ne peut être employée qu'après avoir été cuite pour être mangée en potages. Pour faire la semoule, on se sert d'un pétrin partagé en trois parties ; dans la première on passe au tamis de soie, en tournant horizontalement, le gruau avec la farine qu'il peut encore contenir : c'est du bis blanc dont on peut faire le pain ; dans la seconde on met la semoule séparée du gruau par le moyen d'une espèce de crible en peau avec lequel on la tamise en rond ; enfin dans la troisième, on sépare cette semoule, au moyen de la vermicellière d'avec les recoupettes que l'on ramasse avec le côté de la main, dont on se sert pour les faire aller et venir, et ensuite les rassembler avec un morceau de carton mince, pour les placer dans une corbeille mise à la portée de celui qui travaille.

Ce n'est qu'avec une grande habitude qu'on parvient à bien repasser et à bien tamiser la semoule, en tournant par un mouvement horizontal d'une main vers l'autre le crible par lequel passe la semoule, on la secoue légèrement comme pour frapper à chaque tour et du haut en bas, afin d'obtenir la séparation entière des recoupettes.

Lorsque la semoule est bise, on la repasse plusieurs fois de suite au tamis ; on la désigne alors par quatre et par six passées, suivant qu'elles ont été plus ou moins souvent répétées ; car si la semoule se sépare du gruau et des recoupettes, c'est à raison de la différence qu'il y a dans la semoule et le son, ce qui la fait tomber par un mouvement perpendiculaire et horizontal, depuis le tamis où l'ouvrier la met en la prenant dans le sac avec une espèce de plateau en fer, dans le pétrin, où il la reçoit à mesure qu'il opère.

§. III. *De l'eau employée dans la confection des pâtes.*

Nous avons déjà vu, pour fabriquer l'amidon, quelle attention on devait apporter pour le choix de l'eau; nous sommes trop persuadé de son influence sur la confection des pâtes, pour ne pas déterminer d'une manière spéciale, non seulement sa quantité, mais encore de quelle nature elle doit être, pour réussir à les rendre aussi bonnes qu'il est possible; c'est même de sa combinaison avec la semoule que doivent résulter, suivant la forme qui sera donnée à la pâte, soit des lazagnes, soit du macaroni, soit enfin du vermicelle.

Quoique l'expérience ait appris qu'il fallait employer douze livres d'eau ordinaire pour cinquante livres de semoule, cela n'est pas tout-à-fait de rigueur, car il est des semoules qui en sont beaucoup plus avides que d'autres; cependant moins on est obligé d'en faire entrer, meilleures

elles sont : il suffit seulement qu'on parvienne
à les empêcher de se grumeler, et lorsqu'on les
pétrit, il vaudrait encore beaucoup mieux ajouter de la semoule que de l'eau, quoique l'on
soit presque persuadé qu'il y aurait plus d'iné-
galité en y ajoutant de l'eau plutôt que de la
semoule; mais comme ce serait bassiner la pâte
que d'y ajouter de l'eau, on éprouverait beaucoup plus de difficulté à la sécher, par conséquent à la conserver; enfin si l'on parvient à la
garder très long-temps, parce qu'on aurait employé très peu d'eau, elle serait aussi bien moins
susceptible de fermentation intérieure. Quoi qu'il
en soit, plus les pâtes seraient sèches, moins
elles seraient susceptibles de se dissoudre ; il serait donc nécessaire de les soumettre à une chaleur beaucoup plus long-temps continuée pour les
amener à un degré de cuisson convenable, et
les rendre d'une digestion plus facile : et en
effet, de la semoule qui ne contient que très peu
d'eau, est presque aussi longue et aussi difficile
à faire cuire que le riz.

Quant à la température qu'il faut donner à
l'eau, pour s'en servir à confectionner la pâte,
on sait encore par expérience que plus elle est
chaude, plus tôt aussi la pâte se trouve en état de

23

sécher promptement; qu'elle serait aussi beaucoup moins sujette à se détériorer quand même
elle devrait, par cela seul, devenir et paraître
moins blanche : en effet, avec l'eau froide on ne
fait que des pâtes molles, tandis qu'elles sont
dures avec la chaude ; il est certain que cette
dernière produit un effet contraire, puisque de
molles qu'elles étaient en les commençant, elles
durcissent toujours à mesure qu'elles vieillissent.

CHAPITRE II.

MANIÈRE DE PÉTRIR LA SEMOULE.

Comme ce n'est qu'après avoir pétri la semoule
et l'avoir réduite en pâte qu'on parvient à en faire
des lazagnes, du macaroni et du vermicelle, il
est donc utile et nécessaire de conserver une certaine quantité de la dernière pâte employée pour
ajouter à la nouvelle et pour servir de levain à la
semoule nouvellement mise en œuvre. A la rigueur, on pourrait ne pas avoir recours à ce dernier moyen, car la pâte se garde et se conserve
beaucoup mieux lorsqu'on n'y ajoute aucune espèce de levain ; souvent aussi c'est pour tout em-

ployer que l'on mélange ce qui peut rester de l'ancienne avec la nouvelle. Dans le Midi, on ne fait aucun usage de levain; ce n'est qu'à Naples, et surtout à Paris, que les vermicelliers y ont recours : cependant l'addition d'un peu de levain dans les pâtes, les rend susceptibles de se conserver bien moins long-temps, par le mouvement de fermentation qu'il y développe, mais aussi elles deviennent meilleures, beaucoup plus solubles, par conséquent plus faciles à cuire et à digérer : enfin, comme l'on a en vue de les garder pendant une année, dix-huit mois au plus, celles dans lesquelles il entre du levain sont excellentes quatre à cinq mois après qu'elles ont été terminées, et l'on peut espérer de les conserver encore un an en les tenant dans une atmosphère égale et surtout à l'abri de la lumière et de l'humidité, tandis que celles où il n'entre aucune espèce de levain ne sont bonnes qu'après une année révolue; il faut qu'elles soient anciennes pour les consommer, et leur vétusté (car elles peuvent être gardées pendant trois ou quatre ans) leur donne un goût particulier; *elles sentent la poussière.* Quoique toutes les pâtes qui sont du ressort de la fabrication du vermicellier ne soient essentiellement composées que du gluten contenu dans la farine, quoique le levain qu'on y ajoute soit presque de nécessité absolue pour en faciliter la fermentation, la cuisson, la dissolution, pour les rendre plus faciles à digérer, on est encore cependant forcé d'y adjoindre des condimens ou assaisonnemens un peu relevés, tels que les fromages, le sel, le poivre, etc. (*Voyez* le *Manuel du Cuisinier et de la Cuisinière*) pour n'en éprouver aucune incommodité et les rendre encore plus nourrissantes.

Une des raisons principales pour lesquelles les fabricans de vermicelle n'emploient pas de levain dans la confection de leur pâte, c'est la difficulté de les bien gouverner, car on ne peut travailler qu'avec des attentions soutenues lorsqu'on le met en usage, et les ouvriers n'en sont guère susceptibles. Quoi qu'il en soit, lorsqu'on veut se servir de levain, on conserve, comme nous l'avons dit, un morceau de la pâte précédente pour ajouter à la nouvelle, ou bien on fait un levain véritable par les procédés ordinaires, afin de l'employer comme tel en pétrissant de nouveau : deux kilogrammes de ce dernier suffiraient pour vingt-cinq kilogrammes de semoule; mais s'il n'a pas vingt-quatre heures; il en faudrait beaucoup plus, tandis que s'il est vieux, on prépare la veille au soir ce qu'on appelle un levain de seconde avec de l'eau très chaude, et le lendemain on double avec lui la quantité de semoule qui a été employée, pour le mettre dans une terrine et le couvrir avec de l'eau fraîche à la hauteur d'un pouce par-dessus pour empêcher le contact de l'air, et qu'il ne se couvre d'une croûte à sa superficie.

Pour faire le levain, on ne doit pas employer une plus grande quantité d'eau que pour faire la pâte; il serait bon, au contraire, d'en mettre un peu moins, car s'il ne paraît pas, ou ne devient pas plus ferme qu'elle, c'est qu'il a été beaucoup moins travaillé; en effet, beaucoup plus pétrie et briée, elle devient sèche, plus ou moins ferme; le levain se trouve dans un état tout-à-fait contraire.

Tout levain plongé dans l'eau ne doit y rester qu'une demi-journée au plus, puisqu'on ne prend cette précaution que pour l'empêcher de s'endurcir à la surface et faciliter sa solution, lorsqu'on le met en usage pour le pétrir avec la semoule; mais lorsqu'on doit rester quelque temps sans pétrir, il faut le faire sécher, afin qu'il ne prenne aucune odeur; l'eau qu'on y ajouterait dans ce cas, ne ferait que le gâter et

l'amollir. Complétement desséché, on le réduit
en poudre que l'on passe au tamis afin de l'employer comme la semoule, après l'avoir renouvelé
douze ou quinze heures avant de faire la pâte.

Lorsque l'ouvrier veut pétrir, il met la semoule dans le pétrin, au milieu de laquelle il
pratique un trou en forme de *puits* dans lequel
il verse de l'eau chaude pour y délayer de suite
le levain avec la semoule environnante : ceci
doit s'exécuter avec promptitude et légèreté ; de
là, il retourne et pétrit à deux fois consécutives
toute la masse réunie, aussi vite qu'il est possible,
afin qu'elle conserve sa chaleur pendant le temps
qu'il sera obligé de la brier ; cela ne doit durer
qu'une heure ou une heure et demie tout au
plus. Après avoir ramassé toute la pâte sur le
devant du pétrin, il la couvre de plusieurs
linges pour la piler fortement pendant quelques
minutes avec les pieds, après avoir monté par-
dessus ; aussitôt il descend pour enlever le devant du pétrin et abattre dessus la *brie* avec laquelle on bat la pâte pendant l'espace de deux
heures en tenant la cuisse et la main droite appuyées sur l'extrémité de la brie, tandis que
l'autre jambe donne le mouvement en frappant
la terre avec le pied pour s'élever avec la briée

en tenant aussi la main gauche élevée et suivant le même mouvement.

Lorsque pour brier la pâte on emploie des mouvemens lents, cela ne fait jamais aussi bien; il vaudrait beaucoup mieux, pour augmenter la force de la brie, avoir recours à une barre beaucoup plus longue qu'elle ne l'est ordinairement; mais elle occuperait aussi une place beaucoup plus grande, et plusieurs ateliers ne le permettraient pas. En frappant et en battant ainsi la pâte elle revient en passant par la brie sur le devant du pétrin, on la repousse au fond, sous son tranchant, pour la battre de nouveau, ce qui l'écrase et la ramène encore sur le devant; on la rejette au fond une troisième et même une quatrième fois jusqu'à ce qu'elle ait eu à peu près douze tours, puis en relevant ses bords à chaque reprise pour la replier de trois côtés, que l'on frappe tour à tour avec la brie, on parvient, en y ajoutant ceux des mains pour la pétrir et la délayer avec le levain et la semoule, à lui donner seize tours dans l'espace de trois heures et demie à peu près

Ainsi, pour que la pâte soit d'excellente qualité, elle doit être pétrie pendant cinq quarts d'heure, briée pendant deux heures et demie, en allant toujours très vite et en exécutant tous les mouvemens que cela nécessite avec beaucoup de prestesse et de célérité, parce que plus elle est travaillée dans le pétrin, plus elle passe avec facilité sous la brie, et que pour arriver à son dernier degré de bonté ce n'est que par un travail excessif qu'elle peut y parvenir. Cependant, lorsqu'on veut préparer la pâte avec la farine, on ne doit mettre qu'un quart d'heure à la pétrir, et une demi-heure à la brier; en une heure tout au plus elle peut être terminée, mais elle est bien éloignée d'être aussi bonne que celle qui est préparée avec la semoule, quoique beaucoup plus difficile à travailler.

Quelques boulangers n'ont encore rien changé à cette méthode, surtout pour faire le pain brié ou de *pâte ferme*, ils montent encore sur la pâte afin de pétrir avec les pieds, et ils passent ensuite leur pâte sous la brie.

CHAPITRE III.

DE LA FAÇON DES PATES.

Toutes les pâtes, quelles qu'elles soient, étant achevées et terminées d'après les principes généraux que nous venons d'exposer plus haut, ce n'est que d'après la différence des moules, *tra-fila*, mis en usage, que l'on peut parvenir à faire avec du vermicelle du macaroni, des lazagnes; c'est de leur perforation plus ou moins grosse ou plus ou moins fine, c'est de la pression plus ou moins forte qu'on exerce sur la pâte, que résulte non seulement leur façon, mais encore les dénominations sous lesquelles on les désigne les unes et les autres dans le commerce.

§. I. *Façon du Vermicelle*.

Dans les presses où la vis est horizontalement placée, on tranche avec une lame, que l'on tourne comme une manivelle et qui se trouve attachée au centre du moule, toute la pâte à mesure qu'elle en sort. Dans les presses où la vis est verticalement située, on casse, par une légère secousse donnée avec la main, toutes les pâtes longues pour lesquelles elles sont plus particulièrement employées; c'est avec celles-ci qu'on fait le vermicelle, le macaroni, les lazagnes. Pour le vermicelle, on place son moule dans le fond de la cloche de la presse, et pour le joindre le mieux qu'il est possible, on y ajoute un cercle de corde; après avoir ensuite divisé la

pâte par morceaux, on en remplit la cloche ; on
recouvre avec un linge au niveau du bord supérieur de la cloche ; après avoir posé dessus le
cordeau, on y ajuste à la partie inférieure le réchaud courbé en deux portions égales qui, lorsqu'elles sont rapprochées, l'environnent exactement. Ces premières dispositions terminées, on
descend la vis sur la presse pour comprimer la
pâte par le moyen d'un levier attaché à l'extrémité d'une corde, qui le fait mouvoir par le
moyen d'un montant perpendiculaire dans lequel
passent deux barres transversales avec lesquelles
il tourne sur lui-même ; la pâte, devenue beaucoup plus molle qu'elle ne l'était avant l'application de la chaleur du réchaud, passe à travers
toutes les petites perforations dont le moule est
garni ; elle sort en filets aussi minces et déliés
qu'elles sont fines, ce qui leur donne l'apparence
et la configuration de vermisseaux, et qui les a
fait appeler *vermicelli*, vermicelle ; les Italiens
les désignent encore par les mots de *taglioni* et
de *mille-santi.*

La pâte vermicellée qui sort en premier lieu,
doit être écartée, ne fût-ce que pour la propreté ;
car dans la fabrication des vermicelles, plus
encore que partout ailleurs, la moindre négli-

gence dans tout ce qui peut y avoir quelque rapport, deviendrait extrêmement blâmable. A mesure que la compression fait sortir la pâte, à
mesure que le vermicelle acquiert la longueur
de dix à douze pouces, on lui donne une légère
secousse en le prenant à poignée pour le rompre
et le coucher ensuite dans toute sa longueur sur
des feuilles de papier; cependant, avant tout, il
convient de le refroidir par le moyen d'une
feuille de carton mince, avec laquelle on agite
l'air environnant; car sans cette légère attention
tout ce que l'on séparerait se réunirait par le
contact et *ferait mèche.* Enfin, pour terminer et
achever complétement, on prend le vermicelle
par pincées plus ou moins fortes pour les con-
tourner en spirales, que l'on pose les unes à
côté des autres en les étalant sur des feuilles
de papier tendues sur des fils de fer maintenus
par de légers châssis en bois : toutes ces espèces
de claies sont ensuite posées les unes sur les
autres à distance convenable pour que l'air
puisse circuler librement et en achever complétement la dessiccation. Si les matières premières
qu'on a employées pour la fabrication du vermicelle n'étaient pas de la blancheur requise, si
elles conservaient une teinte jaunâtre, leur pro-

duit ne change pas, au contraire il pourrait encore être un peu plus foncé, mais pour la vente il n'en est que meilleur; car toutes les bonnes qualités de semoule ne fournissent que des vermicelles tirant sur le jaune. Ne serait-ce même pas dans cette intention, et pour couvrir ce qu'il pourrait y avoir de défectueux dans les semoules bises ou tachées de quelque manière, qu'on a eu recours au safran pour les colorer? Quoi qu'il en soit, comme ce moyen ne peut rien avoir de nuisible, voici de quelle manière on y parvient : suivant l'intensité de couleur safranée qu'on veut obtenir, on dissout dans très peu d'eau chaude, depuis un jusqu'à trois gros de safran de Gâtinais, pour l'étendre ensuite dans toute la quantité de celle qui est jugée nécessaire pour confectionner la pâte; deux gros suffisent ordinairement pour cinquante livres de cette dernière, mais il faut la pétrir aussi vite que possible pour empêcher l'évaporation; du reste on l'achève comme s'il n'y avait aucune matière colorante ajoutée.

§. II. *Macaroni.*

Pour faire le macaroni on emploie la même pâte que pour confectionner le vermicelle, seulement il faut qu'elle soit un peu plus molle ; on y ajoute par conséquent un peu plus d'eau, et l'on pétrit de manière à ce qu'elle puisse, au sortir du moule, former des cylindres creux plus ou moins gros et plus ou moins allongés. Cependant, si pour fabriquer le vermicelle on ajoutait autant d'eau que pour le macaroni, et qu'on rendît leur pâte beaucoup plus compacte et plus ferme en la briant beaucoup plus fort et beaucoup plus long-temps, le vermicelle serait non seulement plus délicat, mais encore beaucoup meilleur que le macaroni ; car il est prouvé que plus une pâte est travaillée, plus elle devient facile à conserver et à cuire, elle est par conséquent beaucoup plus nourrissante et plus facile à digérer ; car si on désire les avoir fins et de la première blancheur, il faut que la pâte soit extrêmement ferme et qu'il y entre pour cela une quantité d'eau la plus petite qu'il est possible d'y amalgamer en la travaillant.

Après avoir disposé au fond de la cloche du pressoir le moule à macaroni, après avoir placé la corde dans son pourtour et l'avoir ajustée entre l'un et l'autre, on recouvre le tout d'un linge fort, sur lequel on étend le rondeau pour s'opposer à

24

la sortie de la pâte ailleurs que par les ouvertures du moule qui en a été rempli auparavant. On place ensuite le réchaud de manière à fournir pour celui-ci une chaleur encore plus forte que pour le vermicelle ; car si elle le facilite de passer à la filière, elle doit entretenir aussi celui-ci dans un état de mollesse capable de lui permettre, après être sorti par les ouvertures du moule, de se réunir et former ensuite des cylindres creux. On a généralement remarqué que toutes les pâtes fabriquées de manière à rester un peu grosses, devenaient molles en les entretenant chaudes, et qu'elles durcissaient au contraire par suite de leur refroidissement. Dans tout le midi de la France on ne fabrique le vermicelle qu'avec des farines ordinaires, pour les colorer ensuite avec des eaux safranées ; mais à Paris c'est un genre de fabrication qui s'étend non seulement sur toutes les pâtes dites d'Italie, et particulièrement sur le macaroni, mais encore pour lequel on emploie tout ce qu'il y a de plus fin et de plus recherché dans les produits des belles et excellentes céréales cultivées au milieu de toutes les plaines fécondes qui l'avoisinent, et spécialement dans celles de la Beauce et de la Picardie; aussi nous ne voyons plus le commerce rester encore tributaire de Naples, Gênes et de l'Italie tout entière.

§. III. *Lazagnes.*

On désigne sous le nom de *lazagnes* des rubans plus ou moins longs, plus ou moins épais, confectionnés avec la même pâte que le vermicelle et le macaroni, et que l'on obtient en la faisant aussi passer, par le moyen de la compression, dans des moules disposés de manière à ce qu'au lieu d'en sortir vermiculées ou arrondies, les lazagnes en sortent rubanées, longues, minces, épaisses, échancrées ou festonnées. Généralement on est beaucoup plus difficile sur le choix de celles-ci que pour le vermicelle et le macaroni, parce que souvent elles se fendent en travers, et que si elles sont le moindrement tachées, cela s'aperçoit sur-le-champ; il faut donc qu'elles soient aussi blanches que minces et transparentes, semblables au macaroni lorsqu'il est blanc et bien vidé. Comme le vermicelle, lorsqu'il est petit et effilé, plaît généralement à l'œil, de même aussi les lazagnes sont recherchées lorsqu'elles réunissent toutes ces qualités extérieures bien prononcées. Leur pâte se prépare de la même manière que pour les précédens avec la semoule de la meilleure espèce ; ainsi que pour les autres, on en remplit aussi la cloche du pressoir pour la faire traverser, en la comprimant fortement, le moule destiné à former les lazagnes. L'eau qu'on emploie doit être encore beaucoup plus chauffée que celle du macaroni ; car si l'on ne chauffe que très légèrement pour le vermicelle, c'est qu'on le recherche ordinairement d'une blancheur beaucoup plus prononcée que toutes les autres pâtes, et l'on sait que plus l'eau employée pour confectionner une pâte, quelle qu'elle soit, est chaude, moins elle devient blanche. Enfin pour avoir les lazagnes, au sortir de leur moule, bien faites et sans être déformées, on doit, au moment de les en séparer, les souffler pour les refroidir, ou les exposer pendant quelques minutes à un courant d'air par l'agitation réitérée, exercée par le moyen d'un morceau de carton ou d'un ventilateur. Ensuite on les étend sur les châssis couverts de papier pour en achever le desséchement, par lequel il survient toujours quelque déchet, car de toutes les pâtes c'est celle des lazagnes qui sèche le plus vite et le plus complétement, en raison de leur surface, mais aussi elles n'en sont que meilleures et bien préférables à toutes les autres; car quoique au bout d'un temps plus ou moins long elles soient presque toutes suffisamment desséchées et qu'elles aient acquis la fermeté nécessaire pour être vendues et employées, il n'arrive aussi que trop souvent que par l'empressement qu'on met à s'en débarrasser elles ne soient livrées au commerce avec un reste d'humidité encore assez marqué pour qu'elles ne forment plus, par la cuisson, qu'une espèce de colle ou de bouillie aussi désagréable à manger, qu'elle peut devenir incommode à l'estomac et difficile à digérer.

Par suite de leur dessiccation, opérée de quelque manière que ce soit, toutes les pâtes éprouvent un déchet plus ou moins marqué; il résulte presque toujours de la quantité d'eau qu'on a employée pour les faire : en effet cinquante livres de semoule pétries avec cinquante livres d'eau , soit pour le vermicelle, le macaroni ou les lazagnes, ne peuvent jamais donner pour résultat autre chose que le même poids que celui de la semoule qui aura été mise dans le pétrin, et quand même on voudrait prendre en considération le peu d'eau qu'elle retient encore après avoir été desséchée, comme il se perd toujours

une petite quantité de pâte pendant la manutention, elle ne peut guère entrer en compensation
que pour l'eau qui subsiste après qu'elle a été
desséchée.

Une des raisons principales auxquelles on attribue la conservation de toutes les pâtes desséchées, est le travail particulier et long-temps
continué auquel elles sont soumises au moyen
de la brie; car plus elles sont battues, moins
elles contiennent de l'air dans leur intérieur, ce
qui établit une différence très grande avec celles
qui sont pétries par les mains, pour faire le pain
surtout, qui en renferme toujours une quantité
plus ou moins considérable en suivant toujours
les proportions de l'eau qu'on y ajoute, et suivant
le degré de chaleur qu'on lui donne : aussi voilà
pourquoi toutes les pâtes travaillées pour le vermicelle, le macaroni, les lazagnes, ne sont jamais d'une grande blancheur.

Pour faire passer à travers les moules vingt-
cinq kilog. de pâte préparée, on met assez ordinairement deux heures, et si l'on y ajoute le
temps nécessaire pour l'amener au degré de
consistance requise pour ce travail, on verra
qu'il est toujours besoin de six heures au plus
et de cinq heures au moins, pour terminer tout

ce qu'il convient de faire avant de les disposer pour achever leur dessiccation complète et de pouvoir les mettre en caisse, afin de les livrer au commerce.

Les vermicelliers, pour graisser leur vis de pression, emploient le plus ordinairement la substance cérébrale du bœuf, qu'ils font d'abord cuire dans l'eau pour lui donner la consistance pulpeuse, ensuite ils la font égoutter et la triturent dans un mortier, en y ajoutant un peu d'huile; préparée de cette manière, la cervelle des animaux devient bien préférable à toutes les autres huiles ou graisses dont on pourrait faire choix.

§. IV. *Pâtes composées.*

Toutes les pâtes fabriquées comme il vient d'être dit sont loin d'être composées ou variables par les ingrédiens qu'on y fait entrer; elles ne diffèrent que par le choix des matières et la méthode de les mettre en œuvre : ainsi le grain bien mûr, récolté par une belle saison, moulu à point, et bluté convenablement pour obtenir de la belle farine ou du gruau de première qualité, peut être converti en pâte pour faire du vermicelle, du macaroni ou des lazagnes, suivant la disposition des moules employés pour les confectionner et sous autant de formes qu'on peut en avoir besoin ; la grosseur, la finesse, ou la largeur des unes ou des autres, établit seule leurs différentes qualités essentielles.

Cependant on peut encore leur donner beaucoup d'autres formes, et les fabriquer sous beaucoup d'autres figures que celles dont nous venons de parler ; car les Italiens, qui passent même aujourd'hui pour les plus grands mangeurs de pâte connus, leur donnent autant de noms particuliers qu'ils en confectionnent d'espèces différentes ; chez eux ce sont des *sadelini*, des *sementelle*, des *punte d'aghi*, *stelluce*, *occhi di perdici*, *stellette*, toutes beaucoup plus déliées que les autres et toujours en rapport avec les semoules qu'ils emploient et qu'ils sassent jusqu'au point de faire une *semoletta rarita*, d'autant plus fine qu'elle a été passée dans des tamis de plus en plus fins ; ils conservent tout ce qui leur reste de pâte commune et peu déliée pour fabriquer les *macaronis* plus ou moins gros, des *orrete*, des *lazagnette*, des *pater noster*, parce qu'ils leur donnent la grosseur d'un grain de chapelet ; des *ricci di soretana*. Quelle que soit la pâte qu'ils emploient, et les moules dont ils puissent se servir, ils lui

donnent à volonté des formes et des figures variables d'après le temps où ils la coupent; telles
sont les étoilettes, *stellette*, qu'ils coupent lorsqu'elles sont sorties d'une demi-ligne; plus longues, ce sont les *pater noster*; enfin, au moyen
d'un filet placé dans le milieu de chacune des
ouvertures du moule, ils les percent comme les
macaronis.

Maintenant que l'usage du pain est beaucoup
plus général qu'il ne l'était autrefois, parce qu'il
est meilleur, plus nourrissant, et qu'on le sait
beaucoup mieux faire, on emploie beaucoup
moins de pâte dans la préparation des mets des-
tinés à l'alimentation habituelle et journalière;
on a même complétement abandonné la ridi-
cule et bizarre coutume qu'on avait prise dans
les jours de jeûne et d'abstinence, de figurer en
pâte le poisson, les légumes avec lesquels on
servait souvent tout un repas même somptueux,
soit qu'on les eût fait cuire à l'eau seulement,
soit qu'on les eût préparés en les faisant frire
avec de l'huile. La plus grande partie des pâtes
qu'on emploie maintenant se font avec de la belle
farine, pétrie avec de l'eau, des œufs, de la
crème ou du beurre; après l'avoir passée plusieurs fois sous le rouleau, après l'avoir amincie

aussi fin qu'on le désire, on la roule sur elle-
même et on la coupe par filets, c'est ce qu'on
appelle des *noudles*, et par corruption des *nouilles*,
que l'on jette pour les cuire dans de l'eau bouillante ; au bout de quelques minutes on les retire
avec une écumoire, on les fait égoutter dans une
passoire, pour les assaisonner ensuite d'une manière convenable. (*Voyez le Manuel du Cuisinier
et de la Cuisinière.*)

Généralement les pâtes composées sont beaucoup meilleures à manger que les pâtes ordinaires, soit à cause qu'elles sont récentes, et qu'il
est impossible de les garder long-temps, soit à
cause des matières qu'on y ajoute pour leur
donner de la saveur et de l'arome. Toutes celles
que l'on conserve trop long-temps sont sujettes
à contracter un goût de poussière, et si l'on ne
prend pas les plus grandes précautions pour les
mettre à l'abri du contact de l'air et de l'humidité, elles sont bientôt dévorées par des insectes
et des mites d'une espèce particulière; alors il
n'est plus possible de les employer d'aucune
manière : c'est pourquoi il convient de ne jamais
en avoir une grande provision, et sous quelque
dénomination qu'on ait cherché à les désigner,
quoique différentes pour la forme et la figure,

elles sont toutes absolument les mêmes. En effet, qu'on les appelle *vermicelli*, *mille-santi*, *fetucci*, *andarini* ou *taglioni*, pour les faire il ne faut que choisir tout ce qu'il y a de plus beau en farine, la pétrir presque sans levain, et le moins d'eau qu'il est possible, la battre et l'agiter long-temps jusqu'à ce qu'enfin elle ait acquis une consistance convenable; avec la presse on lui donne toutes les formes désirables; recouverte et comprimée elle sort par la pression à travers toutes les perforations dont se trouve parsemé le fond de la caisse. A sa sortie on la coupe de la grandeur, longueur et épaisseur voulue, pour la faire dessécher le plus complétement qu'il est possible; on l'assemble, on la contourne un peu sur elle-même, et l'on en fait des paquets d'une once à peu près pour le vermicelle. Enfin, lorsqu'il est impossible d'avoir une presse, on prend un long tube en fer-blanc ou en étain, de la grosseur d'une seringue ordinaire, dont l'extrémité est perforée par un ou plusieurs trous, on y met la pâte et l'on exerce dessus une pression plus ou moins long-temps continuée, par le moyen d'un morceau de bois arrondi qui le remplit complétement. Les *andarini* et les *millesanti* se font avec les mains, c'est la pâte roulée sur elle-même de la grosseur des anis ou des pois; on les fait ronds ou un peu allongés comme les pepins des oranges, des melons. Les *taglioni* sont aplatis et coupés en losanges. Les *fetucci* ne sont qu'une pâte aussi mince que du gros papier, et coupée par petits morceaux de la largeur d'une ou deux lignes au plus.

Les pâtes principales que l'on trouve dans les boutiques portent presque toujours des dénominations qui sont bien éloignées de répondre aux qualités qu'elles possèdent; telles sont les pâtes de Lyon, de Gênes, sous diverses formes, les macaronis de Naples, de trois grosseurs, les semoules de pâte, de gressin, de froment, de pommes de terre, de blé de Turquie, de tête de maïs, etc. Telles sont encore les pâtes factices de France, telles que le riz chochina de première, deuxième et troisième grosseur, le tapioka français, la fleur de tapioka, le sagou français, le petit sagou français.

Enfin les pâtes des îles, le tapioka des îles, le tapioka fait pour l'usage au lait, première et seconde qualité, le gros et le petit sagou de l'Inde, le petit sagou blanc et le sagou de Hollande, etc.; toutes ces dénominations, plutôt faites pour tromper la crédulité publique que pour confirmer les vertus identiques de la chose qu'elles désignent, doivent toujours mettre en garde contre leur prix et leurs véritables propriétés; d'abord elles sont presque toutes les mêmes pour l'influence qu'elles exercent sur les organes de la digestion. Ainsi, quel que soit le titre dont on se plaît à les décorer, ce n'est absolument que pour les faire payer beaucoup plus cher qu'ils ne le sont réellement, qu'on les réunit tous ensemble pour le choix des potages.

FIN DU MANUEL DU VERMICELLIER.

EXPLICATION DE LA PLANCHE.

Amidonnier.

A. Espèce de racloir dont on se sert pour ramasser et briser l'amidon étendu pour subir une première dessiccation.

BB. Tablettes transversales posées dans l'intérieur des croisées, pour achever de dessécher l'amidon.

ccc. Amidon en masse et coupé par morceaux pour dessécher.

DD. Bernes ou tonneaux en bois cerclés en fer et placés à distance convenable pour travailler, dessinés sur place et dans le trempis.

E. Sébile de bois dont on se sert le plus ordinairement pour transvaser quelque produit d'une berne à une autre.

F. Seau en bois, cerclé en fer, dans lequel on le verse avec la sébile.

G. Pelle de bois assez forte et assez large pour faire promptement ces mélanges.

H I K. Plusieurs sacs en toile remplis de recoupettes propres à la fabrication.

L. Pain d'amidon sorti du panier.

M. Panier d'osier revêtu à l'intérieur d'une toile claire, pour laisser égoutter toute l'eau contenue dans l'amidon.

N N N. Plancher construit en plâtre assez épais pour sécher l'amidon avant de le rompre et le porter sur les tablettes, dans les séchoirs ou à l'étuve.

O. Passoire confectionnée avec du fil de fer ou du laiton, que l'on change à volonté après l'avoir placée dans le vase en bois.

P. Posée sur deux barres transversales, au-dessus des bernes, de manière à faciliter le travail de l'ouvrier.

Q. Levier fait en bois assez fort, et armé d'une traverse à son extrémité, pour brasser tout ce qui est contenu dans les bernes.

R. Vase en cuivre servant à transporter toutes les matières que l'on pourrait craindre de souiller avec le bois.

S. Marche-pied portatif en bois assez fort pour servir à exhausser l'ouvrier dans le moment du travail.

Vermicellier.

N⁰ 1. Pétrin à trois cases pour pétrir toutes les pâtes ; il doit être placé de manière à ce qu'il soit bien éclairé.

2. Autre pétrin propre à tamiser les pâtes fines ; à une de ses extrémités, il doit se trouver une ouverture pour le vider à volonté.

3. Forme de la brie fixée sur un pivot en fer, et tranchante sur une de ses surfaces, afin de mieux couper la pâte.

4. Châssis en bois, ficelés dans l'intérieur, pour soutenir le vermicelle au moyen des feuilles de papier dont ils sont recouverts ; on les place ensuite dans l'atelier comme on le voit *fig.* 5 et 6.

7. 7. Sacs remplis de farine choisie pour confectionner le vermicelle ou autres pâtes analogues.

8. Coupe-pâte en fer.

9. Main en fer-blanc pour puiser la farine dans les sacs.

10. Tamis pour passer les pâtes confectionnées.

11. Pelle en bois pour remuer la farine et faire les mélanges.

12. Crible à deux anses pour séparer les grosses d'avec les pâtes fines.

13. Tamis plus fin et plus petit; il doit être en soie.

14. Vase à prendre de l'eau pour ajouter aux pâtes.

15. Seau garni d'une anse pour le besoin; il doit ne servir que pour l'atelier.

16. 16. Corbeilles de différentes grandeurs pour porter tous les produits de la manutention.

17. Grande cafetière en cuivre, pour avoir continuellement de l'eau chauffée au degré convenable.

18. 18. Sacs à moitié remplis et placés aux extrémités des deux pétrins, pour les desservir sans que l'ouvrier soit obligé de se déplacer.

Pomme de terre.

Nº 1. Plan et vue de la râpe dite de *burette* (*Voy.* pour ses détails les pag. 175 et suiv.)

2. Marmite proposée pour cuire les pommes de terre. (*Voyez*, pour les détails, la page 212.)

3. Autre manière, qui consiste dans l'emploi d'un panier pour les contenir, de manière à ce qu'elles soient exposées à la vapeur de l'eau chaude, en les recouvrant d'un linge. Elles

deviennent promptement susceptibles d'être mangées. Ce procédé de cuisson est un des plus usités.

4. Appareil consistant en un tonneau défoncé, placé sur un fourneau ; par-dessous se trouve une chaudière en fonte susceptible de fournir la vapeur nécessaire pour attendrir les pommes de terre ; le couvercle de dessus s'enlève à volonté.

5. Cylindre creux, susceptible de contenir une assez grande quantité de pommes de terre cuites, pour les réduire en pulpe plus ou moins épaisse par le moyen des dents en fer dont tout l'intérieur se trouve garni.

FIN.

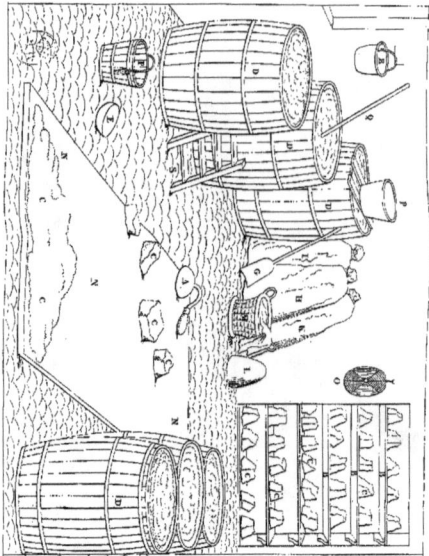

Amidonnerie.

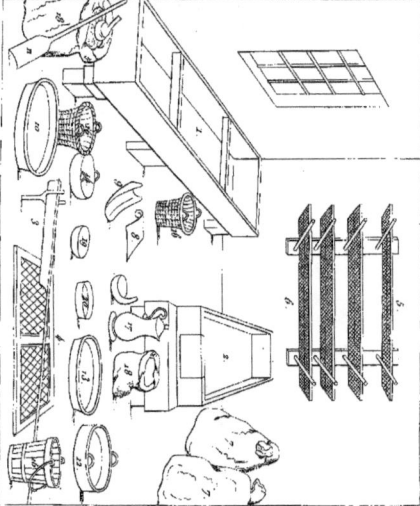

Vermicellier.

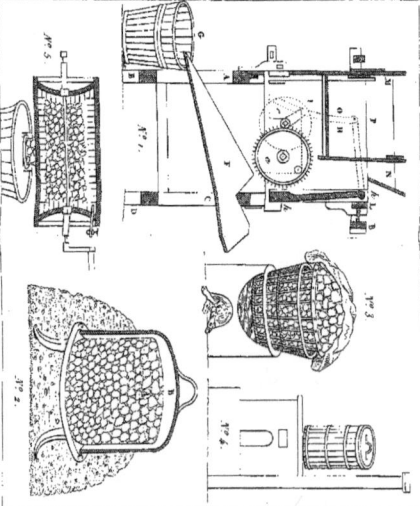

Pommes de terre.

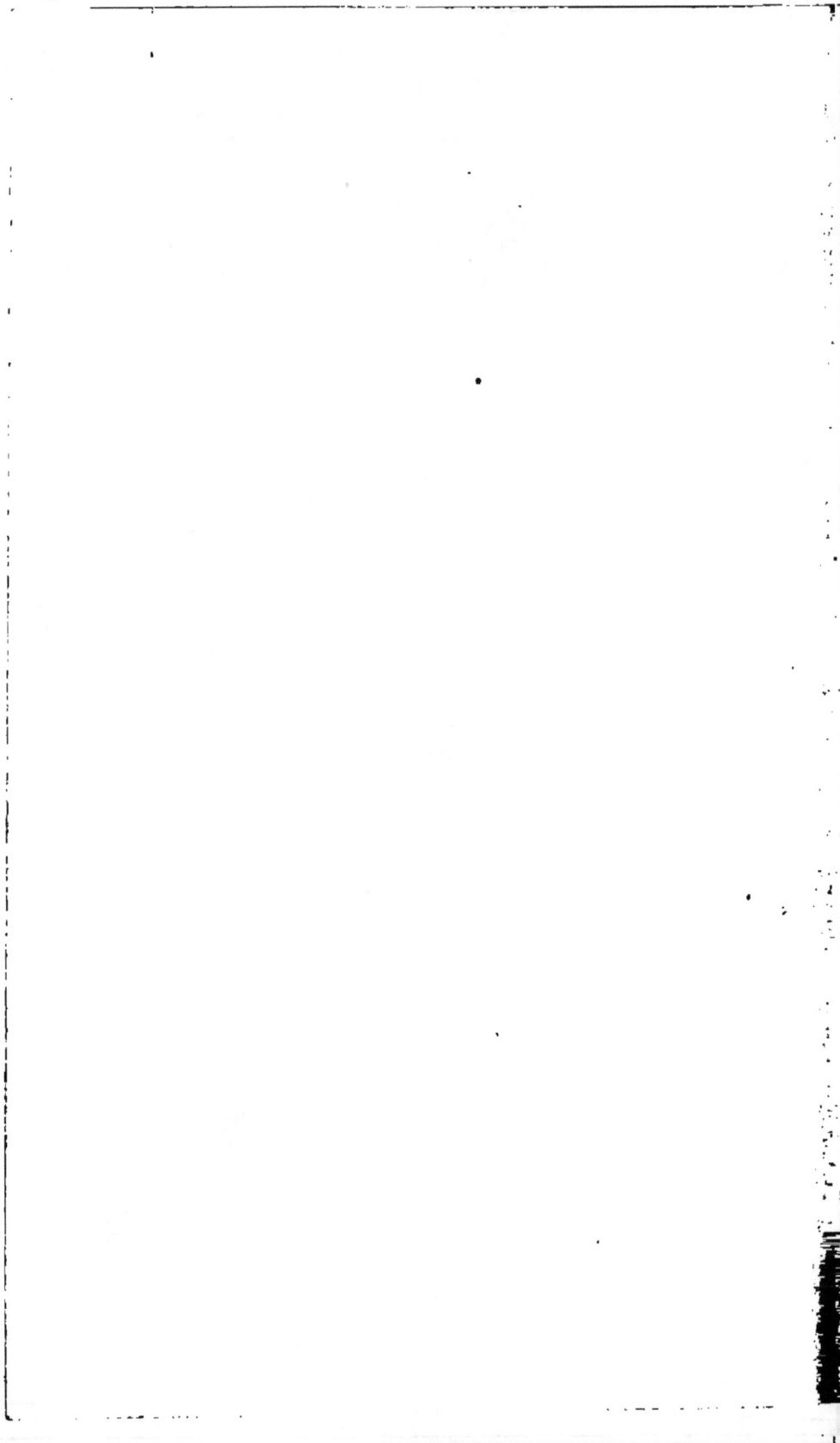

TABLE DES MATIERES.

AMIDONNIER.

CHAPITRE II.

CHAPITRE VII.

CHAPITRE VIII.

CHAPITRE IX.

CHAPITRE X.

VERMICELLIER.

CHAPITRE PREMIER.

CHAPITRE II.

CHAPITRE III.

FIN DE LA TABLE DES MATIÈRES.

www.ingramcontent.com/pod-product-compliance
Lightning Source LLC
Chambersburg PA
CBHW060421200326
41518CB00009B/1434